HEART
心|視野

HEART
心|視野

閒人出租

レンタルなんもしない人

出租無用的自己，尋找嶄新的生存之道！

閒人出租 著

姜柏如 譯

前言

正式展開「閒人出租」

本人自即日起展開「閒人出租」服務。若是您遇到想去獨自一人不方便進去的店、湊人數玩遊戲、賞花佔位子等純粹需要一人份存在的情況，歡迎多加利用。本人僅酌收從國分寺車站出發的車資和餐飲費（僅限有費用產生的情況）。服務期間除了簡單應答以外，其餘事項恕難配合。

我在推特（Twitter）上發了這則推文，正式展開了「閒人出租」的活動。

發文前我的推特追蹤人數只有三百人左右，然而十個月後，推特追蹤者人數超過了十萬人[1]。隨著追蹤者人數的增加，委託也越來越多，至今變成每天接三場委託，幾乎到了全年無休的地步。

至於我個人的感想則是：「超強的！這是什麼情況！為什麼？怎麼會變這樣？究竟是怎麼回事？！」雖然我當初是基於玩票心態展開這項服務，但我壓根想不到這會發展成出版、漫畫化，甚至接受電視專訪的格局。震驚不已的我，也只好輕描淡寫地來掩飾內心的訝異。然而當我這樣做後，卻又被視為天生擁有明星光環，甚至享有名人級待遇，再次讓我感到驚訝不已。

想必各位讀者也是百思不得其解（但疑惑的程度應該還是在我之下）。包括我在內的所有人，都想像不到最初那則推文，居然會引發如此大的迴響。畢竟「什麼都不做的閒人」，不管在公司、家庭甚至在烤肉派對上，都是受人嫌棄的對象。但現實社會中居然存在這種需求，我們該如何看待這個事實呢？

本書的目的就是試圖為這種荒誕不經的現象，以及從中衍生的種種疑問尋求解答。但處在混亂風暴中心的我，想法可能會過於主觀，難以獲得他人的認同，於是我試著請代筆作家S先生跟編輯T先生向我提問，然後我以「簡單應答」的模式逐一回答他們的問題，來藉此尋求答案。負責本書文字化的S先生未曾參與過我的租借活動，等於跟各位讀者是站在相同的立足點。我想就算是從未聽過「閒人出租」服務的讀者，也能從本書中獲得某種程度的見解（也許）吧。

儘管我替自己找了一大堆理由，但還是一如往常地什麼都不做。對於處在這種狀態下的自己竟也能完成一本書感到有趣之餘，同時也訝異地樂觀其成。

❶ 現已超過二十三萬追蹤。

目錄

CONTENTS

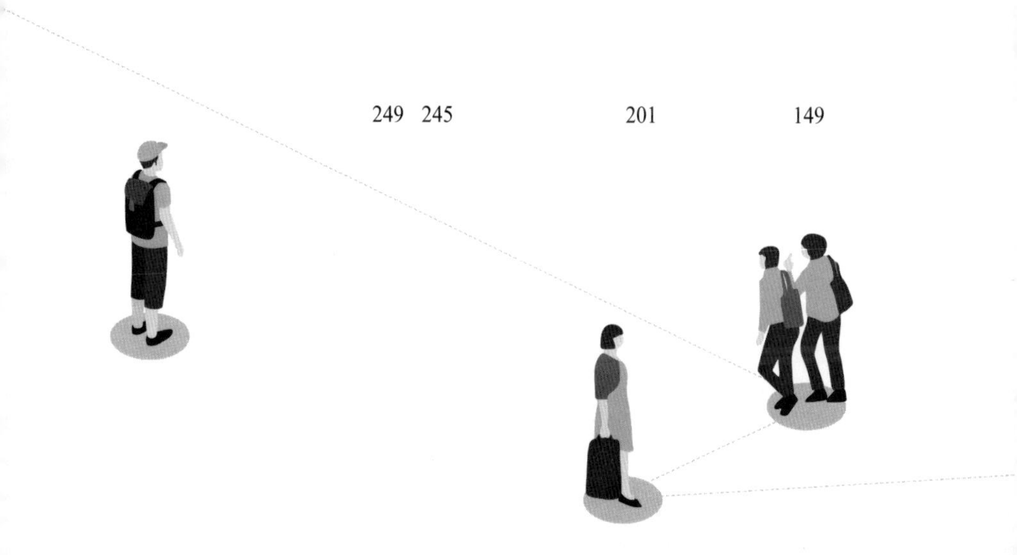

CHAPTER

1

什麼都不做

任務是純粹提供一人份的存在

我想喝一口星巴克現正販售的焙茶星冰樂。我喜歡甜食，聽說焙茶沒有那麼甜，儘管如此還是想喝看看。但我不打算全部喝完，所以想拜託你跟我共飲一杯飲料，因為我討厭浪費食物。

很高興在昨天收到三件內容簡單真摯，彷彿偵探調查類節目般的委託。連當事人嫌下雨天麻煩，指定約在天氣好的平日白天也充滿人情味，最後雨下超大的這點也很棒。

為何我會想展開「閒人出租」這項服務呢？心理諮商師心屋仁之助先生在自己部落格提倡的「存在工資」概念，很可能是我展開這項服務的契機之一。

事實上，我會接觸到「存在工資」的概念，也是因為我的妻子。由於她很常瀏覽心屋先生的部落格，所以我也在無意間瞄到這個詞彙。我對心屋先生原本有著「讓人半信半疑」、「言論偏向自我啟發」以及「講得太過簡單反倒缺乏可信度」等刻板印象。話雖如此，我並非全盤否定心屋先生所提出的理論，像「存在工資」便是其中一例。

很顯然地，所謂工資就是勞動的回報，換言之就是「有付出才有收穫」。然而心屋先生卻提倡「人僅僅是存在，就能獲得工資」和「什麼都不做的人也有存在價值」。

儘管我當時覺得這個論點很不切實際，卻又感到相當有意思。在現在的社會和時代，這種做法當真行得通嗎？於是這顆好奇心的種子開始在我的內心一隅扎根，然後日益茁壯。

不久之後，我也輾轉得知某位自稱「被請客專家」❷的男子，是靠他人的請客維生。這位傳奇人物公然聲稱要靠別人請客過活，而且居無定所。至於他的謀生手段，就是在推特上發文，徵求願意免費提供食宿的網友。然後他會從這些自願者中，挑選自認有趣的對象，提供自己食宿。

他的生存之道也引發過撻伐聲浪，不少人憤怒地要他好好工作，用自己賺的錢買飯吃，也有人嘲諷他只不過是吃軟飯的。但我覺得他的生活方式相當有意思，他簡直就是「存在工資」的完美代言人。當我親眼見識到原來世上真有人靠「存在感」來賺錢後，始終壓抑在我的內心深處的欲望，也跟著蹦了出來。

這股欲望當然就是「什麼都不做的活著」，於是我參考了這位「被請客專家」的活動，秉持「這麼一來應該行得通」的想法，用近乎剽竊的方式，催生出「閒人出租」的服務。

儘管是可有可無的閒人，但只要多了一個人在身邊，心境就會截然不同。

本章將會以「希望陪同去不方便單獨前往的店」、「在場觀看戲劇排演」、「希望陪同到公司」和「旁觀自己打掃房間」等委託，引導大家思考「短期租借一人份存在」會產生何種變化。

> 我想委託您近期挑一天心懷善意的想起我。您可以挑選任何時段，只要毫無惡意的想起我就好，就算是想著「他過得好嗎？」也沒關係，因為受人惦記

❷ 本名為中島太一，其經歷已出版為《不做討厭的事，也能活得很好：三千人爭相請吃飯也要聆聽的另類人生觀》（方智出版，2021）

的滋味讓人如沐春風。身為最近休假突然泡湯的社會新鮮人，若能承蒙您加油打氣，將會是我的榮幸。至於委託的理由其實也沒什麼大不了，只是突然覺得疲憊而已。

我接下某個委託：「希望閒人出租能在近期某個時刻想著我。」雖然看了內容無數遍依然無法理解，但我還是接下了只要在瞬間想起他人就好的委託。雖然事後向委託人回報我有確實想著他，並得知似乎有慰藉到對方而鬆了口氣，但我反而更擔心他了。

我在成為「閒人出租」之前，曾有過什麼樣的經歷呢？雖然後續章節也會提到，但還是先跟各位簡單介紹一下自己吧。

我在理工科大學畢業後，就進入一間提供函授教育服務和出版學習教材的出版社工作，但沒過多久我就辭職，此後以自由撰稿人的頭銜自居。前述提到我首次看到心屋先生部落格中的「存在工資」時，是我從事自由撰稿人的第二年。但當時的我幾乎是處在閒賦狀態，原因在於工作繁瑣、職業倦怠跟酬勞與付出不成正比的程度，已經超出我的負荷。

接下來，我想進一步探討有關酬勞與付出不成正比的問題。

簡單來說，無論是活躍於廣告圈的廣告文案，還是替雜誌、網站文章執筆的寫手，或是以個人名義寫稿獲得收入的專欄作家，都算是自由撰稿人。縱然職業種類五花八門，但共通點在於主要收入來源是稿費。

由於我過去是擔任教科書的編輯，所以主要工作內容是設計題庫、撰寫參考書的解說，同時也兼任宣傳手冊的文案寫手和撰寫訪談稿。起初我並不排斥這份工作，而且也能順利完成，但日子久了，「這份工作真無聊」、「並不是為了想做而做」的情緒也越來越強烈。換言之，文字工作者的職務讓我開始有壓力。

但是工作的酬勞（對我來說就是稿費）卻理所當然的是行情價，無論是從事喜歡或是討厭的工作，得到的報酬都一樣。

我實在無法理解毫無壓力地做著喜歡的事，跟懷抱壓力做著討厭的事，兩者得到的酬勞卻一樣。明明自己是痛苦萬分、飽受精神折磨的在寫稿，但心理負擔卻得不到慰勞金，真是豈有此理。也許很多人會想，世界上本來就沒有輕鬆的工作。我也明白這是司空見慣的社會現象，但這個事實卻讓我苦惱不已。

也許有人會覺得，去找更有趣的工作不就好了？我曾有過這個念頭，也朝這個方向努力過。我當初辭去工作的動機就是因為無趣。我在成為自由接案者後，也曾夢想著只接自己想做的案子，像是只接自己感興趣的領域或是想訪問對象的採訪，然而，反覆承接像連載和類似企劃等想接的案子後，業主就會開始期待我每次都能交出高水準的稿子，這反而讓我心情更加沉重，感到難以下筆。對我來說，受人期待這點就是一種壓力。

舉「設計題庫」為例，業主會期待我如期完成相同品質的稿子。如果運氣好交出符合期待的稿件，再次承接相同案件時，業主便會提出像「希望這次的解說比上次更淺顯易懂些」，或「可以追加提示項目嗎？」等要求，期待下次的稿件能維持先前的品質，甚至比以往更好。

光是這點就讓人精疲力盡。由於我會試圖追求工作的價值跟新鮮感，所以偏愛思考新梗，不會輕易採用先前出過的題型。然而自己能想出來的創意其實也就那樣，而且靈感很快就會枯竭，必須無償另外尋找靈感。而這股非做不可的義務感，又會變成另一種壓力。酬勞會隨著壓力指數提高的話那倒無所謂，卻經常事與願違。所以囤積的壓力量遲早會超越獲得的酬勞，久而久之就會不想幹了。我迄今承接的所有工作，都是由於這樣的模式告終。

您好，我想在公園迎著晚風、暢飲罐裝調酒，但獨自一人好像會有點詭異，可以預約閒人出租服務嗎？

昨晚的委託讓我喝了很多酒。夏天、夜晚、公園和酒四大元素彼此加乘，讓我喝得酩酊大醉，到現在都尚未酒醒。也許會給轉推的網紅們跟今天見面的人添麻煩也不一定。

另一方面，我也思考過把工作跟愛好切割開來，在部落格上發表自己喜歡的文章，並且長久經營的可能性，所以開了自己的部落格。但這樣做依然會才思枯竭，過著辛苦尋找更新部落格靈感的痛苦生活。

到了最後，只要我懷抱著「身為成年人得設法做些什麼」的念頭，試圖展開新挑戰，很快就會因為壓力而半途而廢，儘管我有想辦法紓壓，卻很快就會失效。每次想做什麼，最後就會變得什麼都不想做的戲碼反覆重演後，我才猛然驚覺到這個事實——原來自己適合什麼都不做。

順道一提，當時我身為自由撰稿人卻幾乎沒在接案，又是靠什麼維持生計呢？答案是靠操盤維生。這種賺錢方法既輕鬆又能賺到錢，實際上收入也還過得去。

當時我在內心抱持著籠統的期待：這樣也等於在過著什麼都不做的生活吧？換句話說，我當時正處在「閒人出租」的生涯摸索期，所以我才會自然而然的被「存在工資」的字眼給吸引。當然，我目前也沒在從事操盤了，如今回想起來，當時能賺到錢實屬僥倖，繼續下去肯定會蒙受莫大的損失，也或者我會再度開始厭倦，最後半途而廢。

反觀我現在提供的「閒人出租」服務，既不會讓我厭煩也毫無壓力。雖然能從很多方面去分析原因，但我想最簡單的理由，就是我每次都會遇見不同的人，置身在各種情境中也能冷眼旁觀。換言之就是充滿變化性。

真要說起來，這份工作的性質很像在看電視。雖然有不少人認為看電視很無聊，但我算是愛看電視的人（雖然我家沒有電視）。自己就算什麼都不做，只是茫然呆滯看著電視，自動播放起綜藝節目和新聞、廣告等視聽內容的電視，還是能給觀看者適度的刺激。我最近開始覺得「閒人出租」是份為提供服務方（並非委託方）帶來被動娛樂的罕見工作。

【委託原因】我洗好的衣服連同衣架掉到樓下去了。其實我搬來這裡沒多久，就頻頻向管委會投訴樓下房客小孩的腳步聲很大。由於每次投訴後，管委會都會處理，所以這半年來沒再投訴過。儘管如此，要我獨自一人跟樓下房客拿衣服還是有點害怕，希望你能陪我去。

【委託內容】跟在我背後陪我去樓下拿回衣服，拿好後我想在家開個反省會（純粹是我想反省而已）。

委託人由於跟樓下的房客頻頻起糾紛，覺得獨自出面很危險，但當天又沒有別人可以幫忙，所以才會委託我。雖然姑且順利領回了衣服，但是這種做法並非解決問題的根本之道，今後很可能還是得過著提心吊膽的日子吧。

仔細想想，無論是從事自由撰稿人的工作，還是經營興趣的私人部落格，都存在著做久了會產生倦怠感，以及淪為例行公事的問題。對我來說，主動尋求新的刺激跟變化來迴避這種狀況是很困難的事。

然而，開始「閒人出租」的服務後，像目前這種借助他人力量，被動享受刺激變化的情況，使我感到勝任愉快。最近我甚至覺得提供這項服務，感覺很像是讓自己硬生生地停止思考並躍入池中。這樣做會為我帶來被捲入各種事件內，使生活變得有趣的預感，如今這份預感也成功地轉化為現實。

雖然說我是以「躍入池中」一詞來形容，但我都是先透過推特了解內容後，才決定承接委託。對於必須出門與陌生人見面，兩人綁在一起一段時間，難道我都不會心生排拒嗎？

結論是不會。

或許原因是我在當自由接案人時，就喜歡參加哲學咖啡廳。所謂的哲學咖啡廳，就是與十位左右的陌生人群聚兩小時，談論像「自由是什麼」、「愛是什麼」和「為了伸張正義可以容許暴力嗎？」等哲學議題的活動。我發覺自己雖然很討厭跟學校或公司等固定生活圈的人閒話家常，卻對頻繁參加哲學咖啡廳、跟陌生人滔滔不絕的聊天很有興趣。

唯有在這種場合中，我才能絲毫不必介意每個人的過去和未來，開心徜徉在對等且暫時性的人際關係裡。

所以我對於「躍入池中」毫無抗拒感。

去年我跟最愛的他分手，至今內心依然有點無法釋懷，但十三號恰好就是我們分手滿一週年的日子（同時也是發現他劈腿的那天），我實在沒有自信獨自度過。話雖如此，我也不好意思基於這種理由，在星期一晚上約朋友出來。不嫌棄的話，可以請你陪我一起喝酒嗎？

我接下這份委託後，前往澀谷某家好吃的義大利餐廳。假如「閒人出租」是部深夜連續劇，不免會讓人產生上演香豔情節的各種遐想，但實際情況是我們稀鬆平常地享用披薩，吃完後就解散。

我想再稍微探討一下人際關係。一般來說，我們往往認為重要的事，只能對朋友、情人或是家人等重要對象商量。這點不管男女老幼亦然。但另一方面，世上也有不少人只能跟泛泛之交，或是毫無瓜葛的對象才能傾訴心事。這是我展開「閒人出租」服務後得到的體悟。

簡而言之，交深也未必能言深。儘管與對方交情匪淺，也不一定能完全坦誠以對。由於關係親密而難以啟齒的委託者也不在少數。

事實上，請我傾聽心事的委託出乎意料地多，其中還有好幾個自白沉重到令我不禁暗自疑惑：「為什麼要將這麼大的祕密告訴素昧平生的我？」

我的看法是，與他人傾訴煩惱的行為，說得誇張點——形同讓別人掌握自己的弱點。而親密對象，是自己過去到現在，並且也將延續到未來的人際關係。向親密對象傾訴煩惱的話，代表弱點也會永遠被掌握在他人手中。

如果跟對方始終維繫良好關係，倒是沒關係，但很難保證雙方日後基於什麼原因而鬧翻。當昔日的親密對象搖身一變成眼中釘時，自己將處於弱點落在別人手中的劣勢，或是陷入對方可能將弱點曝光給局外人知道的危險之中。除此之外，還會衍生出各種隱憂。

至於我在「閒人出租」的服務中，我只是可有可無地存在，與委託人維持著微乎其微的關聯性。只要委託人不再委託，雙方也不太可能再見到面。如果用童話來比喻，我就像是伊索寓言《國王的驢耳朵》中出現在森林裡的蘆葦，能夠讓人說出無法對他人傾訴的苦惱——也許這就是閒人出租具備的特質吧。當然，我也或多或少地將見聞寫在推特上，與不特定多數對象分享，但我公開前會先隱藏可能讓當事人身份曝光的特徵，所以當事人根本不用擔心自己的把柄落入他人手中。

除此之外，向我傾訴煩惱的對象似乎還有另一個動機，也就是當事人雖然渴望有人傾聽自己的煩惱，卻又不希望別人給予建議（甚至有時是說教）。因為對當事人來說，感覺像是自己的煩惱受到了他人的批判。就算傾聽的人不打算給予建議，單純表達像「不錯啊」、「聽起來很有趣」一類的正面感想，當事人依舊會產生壓力。

我多少可以了解這種心情，因為我想找人商量煩惱時，也不愛聽到像是「這樣做沒問題啦」等回應。因為要將埋藏在內心的煩惱百分之百傳達給別人，本來就是一項不可能的任務。自己說出來的僅僅是內心一小部分的煩惱內容，所以別人憑什麼基於這種殘缺不全的資訊，對自己指指點點呢？

換言之就是：「你又懂我什麼？少妄下定論！」

我明白這是自私的歪理，再者對方也沒有惡意。然而，對於毫無惡意的人感到不滿，也會讓自己產生罪惡感，畢竟對方是出自善意傾聽自己的煩惱，若是無意間脫口說出：「你懂什麼？」彼此間的氣氛就會尷尬異常……

思及以上種種，就不會想找任何人商量煩惱了。由於我能明白這種複雜心情，所以每當聆聽委託人傾訴時，我完全不予置評，頂多順著談話內容進行簡單應答。幸好我承接的傾聽類委託，希望我提供意見的人並不多。偶爾會接到很明顯想商量戀愛煩惱的委託，但我通常會回覆對方：「您似乎希望我提供建議，但我無能為力，若是單純聽您說話就沒問題。」

關於傾聽類委託，將會在別章另行討論。

一如我在〈前言〉中提到，「閒人出租」只是短期提供（出租）一人份的存在。

具體而言，可以用於單純需要有人在場的情況，像是希望前往單獨一人不方便進去的店、在場觀看自己的戲劇排演、希望有人陪伴以免自己工作時摸魚、來家中旁觀自己打掃房間等。假如要歸類的話，像是「同行」、「同席」或是「旁觀」等，基本上此類委託都屬於就算沒有我，委託人也能自己獨立完成的事情。更進一步地說，就算是傾聽類委託，我只會簡短應答，理論上委託人是自言自語地開啟和結束話題。

儘管我的存在可有可無，但有個人在場，的確會讓委託人的心境產生變化，使我不禁覺得閒人出租具有「催化劑」般的效果。

所謂的催化劑，是種本身不會變化，卻會加快某些化學反應速率的物質，最常見的例子就是「二氧化錳」。

在理化實驗中，在過氧化氫中添加二氧化錳就會釋出氧氣。其實過氧化氫靜置一段時間後，也會自行釋放氧氣，只是因為反應速率慢，所以才會添加二氧化錳做為催化劑，來提高化學反應的效率。

總之，雖然二氧化錳不是釋放氧氣的必備要素，但加入後卻會如虎添翼。抽象點的說法是，自己（過氧化氫）採取行動會消耗十點能量，但只要現場多了一個人（二氧化錳），消耗的能量就會降低一半以上。

無論是不方便單獨進去的店、排演練習、工作或是打掃，盡是可以獨自完成，卻讓人提不起興致去做的事。

此時，「閒人出租」就會以催化劑的身份，發揮讓人提起幹勁的作用。

至於陪同類委託也有進階版，也就是陪同參與某項活動，例如遇到站席演唱會等無固定座位的活動，我就是「同行」卻不會「陪同」。換言之，我跟委託人在抵達現場之後，等於是分頭行動，但是委託人與有催化劑效果的「閒人出租」同行，可以減輕原本進行該活動時需要消耗的能量和壓力。

為了讓大家更了解「閒人出租」催化劑的效果，在此分享一個案例。

> ✉ 新年快樂！雖然不曉得您的行程是否已滿檔，我想在一月四日早上大喊「早安！Tokyo」，若您有空可以來現場旁觀嗎？時間是早上八到九點，地點跟之前一樣是井之頭恩賜公園。我正在籌備會讓大家感受到二〇一九年祝福儀式的企劃，敬請期待（#^^#）

✎ 今天一大清早，我就前往井之頭恩賜公園，在一旁看著某位打扮成豬的女子向路過的行人打招呼。

那位委託人經常在早晨上班前，穿著自製的服裝，在公園跟路過的行人道早安或是跳舞（其他日子也會打扮成豬以外的造型進行活動）。至於委託動機則是「基本上能獨自完成，但是在閒人出租先生面前表演似乎很好玩」、「閒人出租跟自己一樣是讓人摸不著頭緒的怪咖，所以想見一面」。

當天早上，我依照委託內容前往東京吉祥寺的井之頭恩賜公園，旁觀某位打扮成豬的女人跟路人打招呼。委託人事後向我表示：「我不是覺得打扮成豬很丟臉，而是因為做這件事很孤單。一個人做有點提不起勁，但身旁只要有人陪，就會激發出動力。」當時也有電視臺過來跟拍，畢竟這種感想很適合在電視上播出。

順帶一提，接下同席和旁觀類委託時，我會理所當然地待在現場。儘管我接下旁觀類委託，但很多時候也未必真的在觀看（我會事先告知委託人會有這種情形）。

我是業餘小說家，由於獨自埋首寫作容易偷懶，希望有人在現場監督自己。想麻煩閒人出租先生在我寫作時坐在我面前。我可能會在這段期間內偶爾跟你聊幾句，但原則上你只要什麼都不做打發時間就行了。

我接下某個委託：「由於想在小說新人獎投稿的最後緊要關頭努力衝刺，希望寫稿時有閒人出租作陪。」因為委託人獨自一人時會忍不住偷懶猛看推特，於是我在他寫稿期間待在旁邊，隨意翻閱著委託人為我準備的漫畫打發時間。委託人說，邀請了解自己工作原則的陌生人來家中，果然寫作的進度更勝以往。

我從事旁觀類委託時，確實有不少委託人會在休憩之餘跟我搭話，就跟那則委託內容提到的一樣。

舉例來說，有位漫畫家委託人對我說：「助手們的自我意識過高，一旦休息時間拉長，就會不時提醒我差不多該回去工作了，所以能跟你像這樣毫無顧慮地聊天相當輕鬆愉快。」聽到這番話的我，不禁有點開心。

雖然字面上聽起來是「對話」，但我只會做「簡單應答」，也完全不曉得委託人的工作內容。當然，委託人是漫畫家就是在畫漫畫，小說家就是在寫小說，但由於我不會跟委託人並排而坐，所以頂多只能看到坐在桌前的委託人的電腦背面而已。

「觀看排戲」的委託內容也是大同小異。由於委託內容是待在現場就好，所以我不用觀摩或是監視對方。這時我通常會上上推特，寫下現場的情形，但我偶爾也無法全然置身事外。

像是我在承接某劇團的「觀看排戲」委託時，對方拜託我：「有一幕需要跟客人對戲，屆時想請您擔任客人的角色。」但是這種程度的要求還在簡單應答的範圍之內，所以沒什麼問題。當時，這個劇團租下了小型市民會館的會議室，現場約有五到六人在排戲。然而一旦有陌生人在場，還是會為現場帶來緊張感。

我可是很歡迎像這種「待在現場就好」的委託。承接這類型委託的好處，就是能在委託期間同時做其他工作。換言之，就是工作之餘還能同時做其他工作。雖然我是說「其他工作」，但我頂多只是回回推特的私訊，或是逛逛網頁。我想所謂的什麼都不做，其實代表著「做什麼都可以」。

進一步來說，甚至有委託人被我打槍後，雖然沒有實際利用到「閒人出租」服務，卻依然滿足了當初委託的需求。

✉今年年初因某事身心俱疲的我，到了足不出戶也無法料理家務的地步。但最近我想替自己安排打掃計畫，逐步找回原本的自己，但屋內卻存在著燙手山芋——一大堆沒洗的碗盤。〈中略〉希望你能在我邊尖叫邊瘋狂洗碗的時候，什麼都不做的待在旁邊（嚴格來說是去陽臺附近避難）等我洗完，這件事只有我獨自一人根本辦不到。如果我連那些碗盤都能洗完，我會覺得自己好像更接近了那些路上擦身而過的正常人。

有人希望我旁觀他邊尖叫邊發狂清洗擱置好幾個月的碗盤。雖然我因為害怕而拒絕了，但委託人事後卻告訴我自己已獨自完成。我猜是跟別人接觸後，促使他用客觀角度審視自己的現況，進而冷靜採取了行動吧。這是儘管委託不成立，卻依然發揮效果的罕見案例。

前述案例是典型的旁觀類委託。對方還附註：「環境絕對很不乾淨，很可能會出現蟲蟲大軍，所以請閒人出租先生待在陽臺。」雖然我沒有潔癖，但骯髒的環境跟蟲類依然令我感到抗拒，所以我心懷歉疚地拒絕了，但委託人事後卻回訊：「我已經順利整理完畢了，沒有蟲跑出來，謝謝你。」

八成是委託人向我宣示決心的舉動，變成他整理廚房的直接導火線，讓他獨自一人也能達成原本目的。也許委託人無法整理廚房的理由，不是出於忙到沒時間整理等因素，而是精神層面的問題。雖然精神崩潰的委託人神智恍惚到無法自理生活，但他卻利用推特發私訊給我，試圖控制、整頓自己混沌的頭腦。也許就是這個行徑間接讓他鼓起幹勁，最終完成目標吧。總之，委託人只是用推特發送私訊給我，卻讓「閒人出租」間接發揮了催化劑的效果，算是真．什麼都不做的絕妙案例。

像這類透過推特私訊我，卻被我打槍的委託，還曾引發過一件趣事。

那是發生在二〇一八年十二月二十三日的「天皇誕生日」，我收到了與皇室祝賀儀式有關的委託。當時陪同參加祝賀儀式的委託共來了三件。雖然我覺得這項委託很有意思，但礙於行程的關係只好全數婉拒，於是我公開發推文說：「雖然收到了三件祝賀儀式的委託，但還是全部拒絕了。」結果被拒絕的委託人們無意間看到那則推文，其他網民們也紛紛起鬨被拒絕的三人，不如一起去參加祝賀儀式，於是委託人們就在排除我的情況下，共同實現了有人陪同參加祝賀儀式的願望。雖然這是我始料未及的情況，但我認為這是「閒人出租」以推特做為媒介所引發的獨特影響。

某位委託人曾這麼形容「閒人出租」服務：在人生的牌局中，能夠一次性使用的方便手牌。我想就算委託人沒使用這張牌，它也會發揮類似護身符的效果吧。我個人完全不在意這張牌被重複利用，與其說「閒人出租」的存在像是「護身符」，不如說它更像是「逃生路線」。如果「閒人出租」的存在能穩定人心，我會相當欣慰。

偶爾會接到像是「希望幫我拍照」、「希望跟我一起整理房間」和「幫我買〇〇」等想要我做事的委託。雖然早有心理準備，但希望大家別忘了，租借人力的服務還有很多。想要找人幫忙做事的人，請利用「出租大叔」的服務。

所謂「出租大叔」，根據其官網的資料為：用一小時一千日圓的費用租借（自認帥氣的）大叔，承接範圍很廣，從閒聊、講祕密（笑）到跑腿，完全因應您的需求。

但是對「閒人出租」來說，界定「什麼都不做」的標準究竟在哪裡？這是委託人與追蹤者很常提出的問題，但我沒有既定一套標準和規定，也很難跟大家解釋，因此只能跟大家說視情況而定。

儘管我無法具體說出自己能接受的範圍，卻能列舉出無法接受的範例，像外出辦事、代替委託人去排隊購物等需要我額外思考的委託，我會一律拒絕（就算是受人指使或命令亦然）。另一方面，如果是去佔賞花位置的陪同委託，我應該會接受。因為在前往賞花地點的路上，我可以陪同委託人，也會在野餐墊上提供一人份的存在。

有點麻煩的是，我也會拒絕接過的委託。原因在於我已經對這類委託感到厭煩。舉例來說，我曾接過「在小鋼珠店開店前陪同排隊」的委託，但接過一次後就膩了，此後再也不想接這種委託。

就如同先前提到的，換作是一般工作，比方說文字工作者，都會傾向承攬相同性質的工作，並且以「過去曾經寫過這類文章」做為優勢，請案主發類似案子過來。然而「閒人出租」倒是很常基於「過去曾接過同性質的委託，所以無法承接」的理由來推拒委託。

實際上，我曾重複接到「跟我組隊參加《偶像學園 Friends！》卡片遊戲大賽」的委託，於是我回覆那位委託人：「由於跟先前的委託內容完全相同，若你有任何新奇有趣的委託，我會優先承接，可以嗎？」而委託人也回覆我說「沒關係」，但因為委託人也沒發給我新的，到頭來我還是承接了這份委託。

同理可證，我也推掉了好幾個「陪同參加演唱會」的委託。由於我對音樂和藝能界不太熟悉，所以推掉的幾乎都是自己不認識的藝人和偶像舉辦的演唱會。起初被帶去參加毫無興趣的歌手的演唱會還覺得好玩，但一再體驗「偶像真是形形色色」的感動不禁有點膩，最後依然興致缺缺，變得提不起勁去承接類似委託。不過像是早安少女組、保羅・麥卡尼（Paul McCartney）一類我認識的歌手就另當別論。看來還是「視情況而定」。

✉

【委託標題】去家庭餐廳或咖啡廳陪我吃個東西，和我聊幾句話或在一旁旁觀即可。

【委託內容】正如同我的帳號名稱，我面臨了非聯誼不可的情境，卻因為自身的惰性以及無法面對現實，所以採取了一連串的逃避行動，我對逃避的自己實在是束手無策。雖然周圍不少朋友都是單身，但由於她們是那種敢大聲說不需要男人也可以活的類型，所以我也很難向她們坦承自己在聯誼……儘管明白繼續這樣下去會很不妙，但獨自一人時，身為宅女的我就會忍不住投入興趣之中，或是假日窩在棉被裡一整天，導致戀愛方面毫無進展，所以可以請您在旁邊觀看我註冊聯誼網站、發送交友訊息以及送出參加聯誼派對的申請嗎？

我想自己應該會在這過程中哀號連連。若你方便的話，希望你也能稍微陪我說說話。

委託人希望我旁觀她不情不願地進行相親聯誼的前置工作。委託人在努力註冊的同時，也幾乎每十分鐘發出一次私訊中提到的哀號聲。委託人在操作交友網站的過程中，失手對本來要略過的男性按了「喜歡」，露出了無語問蒼天的痛苦模樣。而她也招待我吃了一頓豐盛的下午茶，真的很開心。

我先前曾提到自己經常參加「哲學咖啡廳」，相比熟人，我更喜歡跟素不相識，或跟自己生活圈毫無關聯的對象聊天。儘管在執行同行或作陪的任務過程中的對話，我只會重複簡單的應答，但基本上是樂在其中。然而，陪同參加演唱會的期間，雙方幾乎不會對話，所以我承接的優先度較低。

我想事先聲明，觀賞毫無興趣的事物不會為我帶來壓力。只要讓我待在委託人附近（有座位的話就是隔壁座位）就好，這樣一來，就算我沒有認真看演唱會也無所謂。但不知為何，在我寫這本書的期間，陪同參加演唱會的委託卻增加了。我一方面想，與其被同類委託填滿行程表，不如預留給其他有趣的委託。話雖如此，假如目前我接膩的委託（像陪同參加演唱會）突然沒了，然後在我快忘掉時又出現，可能會喚起我的新鮮感而決定再次承接。種種以上的原因，連我都覺得自己承接委託的界線，其實相當曖昧不清。

順道一提，也許很多人疑惑的想過：難道寫書也算在「什麼都不做」的範圍內嗎？但我前面說過，實際動手寫稿的其實是文字工作者。本書是透過別人提問，我簡單應答的方式所完成。雖然我很難明確界定所謂的「簡單應答」是有多簡單，但我只會回答自己知道的事。我自認沒有對本次的採訪進行特別的準備，所以應答程度稱得上是簡單。而本書就是基於我的各種應答，以及從應答延伸出的內容編制而成。

我第一次在出租期間中途不做，打道回府（因為實在沒有興趣），結果馬上被對方封鎖。

某次因為跟委託人理念不合，所以我在中途就先行離開。

委託人是某場活動的主辦人，委託內容是希望我以聽眾的身份出席該活動。

我記得在那場活動中，有好幾位演講者上臺發表自己想實現的夢想和提案，然後在場的聽眾會針對講者的夢想和提案能力進行評分，得分最高的演講者會獲得實現夢想所需的實質援助。活動本身並無可疑之處，甚至算是健全，然而在開場致詞時，我聽到主持人談到「我認為所有人心中都懷有夢想」、「我想每個人都會思考未來吧」的瞬間，我不禁覺得：這跟我的想法似乎不符合，隨之而來的就是一股坐立難安的壓力。

於是在活動進行三十分鐘後，我認為自己如果繼續參加，八成會在推特上發表負面言論，於是私訊告訴委託人：「不好意思，我失去興致了。我不會向您索取車資，希望可以讓我提早回去。」結果委託人回覆「我明白了」以後，也封鎖了我。

儘管在承接期間打槍委託人讓我內疚不已，還產生莫大的壓力，但是繼續待在現場的壓力卻遠大於這些。

為什麼「夢想」一詞會帶給我壓力呢？事後回想，與其說我排斥夢想，不如說是對把夢想掛在嘴邊的人心存偏見吧。

沒錯，的確是種偏見。在我眼中，那群人所謂的夢想，似乎都是以「捨己為人」為前提，因此很像是在說教。

在我中途退席的那場活動中，也有演講者表示想援助可憐的非洲孩童。當然，拯救身處嚴苛環境中的孩童固然是好事，但老實說，我跟這種把捨己為人當作個人夢想的人聊不來。他們的善意會帶給我滿滿的壓力，就算只是簡單應答也讓我想退避三舍，共處一室更是坐如針氈。

話雖如此，我也不是全然排斥夢想。如果被問到「你的夢想是什麼」，我會不假思索地回答：「什麼都不做的活著」。但這個夢想不是為了別人，而是我自己想這麼做。我認為擁有這種程度的夢想就已足夠，至於那些道貌岸然的人，講得難聽點，以我的角度來看，難免會有期待得到他人讚揚的嫌疑。

普遍來說，夢想的定義是指「想在未來達成的心願」吧。當我被人問到夢想是什麼時，就會有種被迫從現在開始思考未來的鬱悶感。由於我「什麼都不做」的夢想已在現階段實現，所以目前的夢想是希望能維持下去。出乎我意料的是，這個理應完全著眼於「現在」的夢想，已經在不知不覺間以延續到未來為前提了。

不願展望未來的我，也承接過某位煩惱未來的大學生的傾聽類委託。我當時也照例只有簡單應答，但是當委託人問我：「大學時期就該做的事情有哪些呢？」我不禁立刻回答：「什麼都不做也可以。」這個回答有一半是為了符合「閒人出租」的性質，但也有一半是我的真心話。

CHAPTER

2

不流露個人特色

沒有彰顯個性的必要

我是工作屆滿兩年的社會新鮮人。雖然進公司已經兩年，卻因為跟直屬主管意見不合，最終演變成有點針鋒相對（？）的局面。每天上班的氣氛相當尷尬，讓我有點害怕早上到公司上班。所以希望有人可以陪我去上班，請問可以嗎？

我接下某個委託：「希望閒人出租早上陪我去上班。」委託人跟主管之間的氣氛很尷尬，所以有點害怕去上班，而且「恐怖的會議」甚至會讓委託人肚子痛。對於上班三年就辭職的我來說，非常能感同身受，所以我不禁努力早起陪他，公司真是個可怕的地方。

當我還是上班族的時候，主管曾對我說：「你真是可有可無的存在。」也許在主管眼中，我是位乏善可陳，也對周圍毫無影響力的下屬，所以才會半開玩笑地貶低我吧。但是如今的我卻以此為賣點展開各種活動。提供「什麼都不做」這種服務，居然會產生市場需求，這點相當有意思。

那位前主管對於可有可無的我感到不滿，那他究竟對我懷有怎樣的期待呢？像是公司不能沒有你的工作表現、讓大家團結合作的領導能力、替公司加分的技能等等。換言之，主管就是希望我成為無可取代的「專才」吧。要建立起一個組織，必須知曉每個人才的個性和素質（也或許是不得不這麼做），否則就無法知人善任。

如同第一章所述，我很不擅長跟生活圈內的團體打交道，就算參加公司內部的飲酒會，我也是默默坐在一旁，幾乎不太跟別人聊天。到頭來我在公司薄弱的存在感也淪為笑柄。前主管大概曾經期待我會替酒杯空了的同事倒酒、雞婆地縮短主管跟後輩之間的距離、帶動現場氣氛，藉此刷自己的存在感吧。

無論如何，無法做出這類「貢獻」的人，會在融入社會的過程中產生莫大的阻礙。可是這點對於「閒人出租」來說，反而起了加分的作用。我認為這份工作的貢獻方式不同於一般工作，而是恰如其分地給予許多人的人生（用人生可能略嫌誇大）適當的幫助。本章開頭的陪同類委託就是一例。我純粹陪同委託人去做他想做的事，既不用涉入太深，也不需要展現個性。換句話說，上班族時代的我與目前的我在做的事似乎正好相反。

所謂「可有可無的存在」，換個說法就是不起眼到被埋沒於團體中，也就是喪失獨特性、缺乏個性的狀態吧。我之所以能夠從事閒人出租，正是因為缺乏個性；矛盾的是，現階段的我卻擁有「閒人出租」的人格和個性。

我開始思考，所謂「個性」究竟是什麼？

用一句話來表達個性，大致分為像容貌、身體、聲音等先天的資質，還有溝通能力、專長等後天培養的能力。被別人說長相有個性，言下之意是五官特徵鮮明，聽起來大概算不上是種稱讚。不過，我們通常是用善意的眼光去解讀他人的特徵，進而為其建構出個性的雛型。

可是仔細想想，個性的定義不僅模糊，而且還很抽象。我認為「獨一無二的個性」就如同字面上的意思，是透過和他人的比較才能成立，只不過是加入團體後第一次出現的相對評價❸罷了。

我從事「閒人出租」這份工作時，並不會被要求展現個性。例如我第一個委託「拿氣球一起走路」就是如此。

❸ 相對評價（relative evaluation），是指在某一團體中確定一個基準，將團體中的個體與基準進行比較，從而評出其在團體中的相對位置的評價。

你好。由於看到你的推特，所以私訊你。

我想從現在開始算起的一小時後，跟你約在國分寺站碰面，然後一起散步並拍照可以嗎？你只要拿著氣球走路、談話、站立即可，花費時間約二到三小時，或你感到厭膩為止也沒關係。除此之外，什麼都不做也沒關係。

我的第一位委託人希望我拿著氣球拍照片，替他宣傳 Instagram。在國分寺到西國分寺的路上拿著氣球走路很愉快。帶著氣球搭乘下班尖峰時刻的電車更是相當挑釁的行為，非常好玩。

如果我當時是很有個性的人，這份委託就無法成立，可能也無法遵照委託人的心意行動。尤其這是委託人學校的畢展作品，主角其實是「氣球」。換言之，委託人會選擇感覺隨處可見、毫不起眼的男子扮演拿氣球走路的人，八成是為了避免搶走主角「氣球」的存在感吧。

至於其他期待我缺乏個人特色的委託，還有「陪同一起玩拍貼機」。由於我鮮少拍攝大頭貼，對於最新機種也很陌生，所以完全不曉得自己該做什麼，至始至終都處在狀況外。當拍貼機的螢幕顯示「聯手比出雙人愛心」的指令時，我慌忙舉起單手比出半個愛心的手勢，但委託人卻說「不用比沒關係」。恐怕我做為背景入鏡才是明智之舉。話雖如此，委託的內容以及手忙腳亂的過程都非常有趣。

幾天前我跟委託人約碰頭時認錯人了。對方表示自己穿鮮豔長裙，於是我跟有類似特徵的人相認，結果對方直接走開。見面時，我按慣例說「我是閒人出租」，對方被陌生男子突然告知是「閒人出租」，想必感到很驚恐吧。

基本上，我的穿著都是素色T恤或風衣外套，然後搭配牛仔褲或是卡其褲，幾乎都是缺乏自我主張表徵和個人色彩的打扮。如果硬要擠出一個特色，那就是我肯定會戴工作帽吧。我後來發覺，頭戴工作帽的穿衣風格，會醞釀出一種說不出來的「專業感」，感覺非常適合我。

帽子原本並不是我的日常私服穿搭，是在「閒人出租」的活動展開前一個月（約二〇一八年五月）開始，我才喜歡上戴帽子。當時我突然冒出「人生該戴一次帽子看看」的想法，於是我跑去吉祥寺，隨意走進一家帽子店，告訴店員自己是第一次買帽子，然後在店員的建議下，買了跟目前戴的同款帽子。

當我直接戴著剛買的帽子打道回府之際，發覺原本人潮洶湧到讓人想退避三舍的吉祥寺街道，頓時給我一種暢行無阻的感覺。因為戴上帽子，就能夠不用在意旁人的眼光。換言之，我的視野上方被帽簷遮住，好像能夠阻擋他人的視線。儘管我心知肚明，在吉祥寺的茫茫人海之中，根本沒人會刻意多瞄我一眼，卻依然很難說服自己。另一方面，視野變得狹隘，也容易進入一種內省的狀態，感覺就像是窩在自己世界之中。

無論如何，戴上帽子後就能無視他人的眼光在大街上漫步，更容易檢視自我，進而忠於自己的欲望，也就是能誠實地正視自己「什麼都不想做」的心情……或許這種說法略嫌誇張，但我在吉祥寺買帽子不久後便開始構思「閒人出租」，多少也有關吧。儘管這是事後諸葛，但我戴帽子後，就不會在意他人眼光。換言之，我能夠開啟這項服務，得歸功於不再在乎別人怎麼看自己。（順帶一提，我當時隨意走進的帽子店，店名就叫做「無」，感覺冥冥中有股無形的緣份。）

自從我展開閒人出租活動後，這頂帽子意外地很管用。除了兼顧遮風擋雨、禦寒、掩飾睡醒亂髮的實用層面，也是我與委託人見面時相認的信物，但最重要的，還是我一開始提到的「專業感」。

提到規定戴帽子的專業人士，最常見的就是宅配員。雖然帽子也是制服的一部分，但我單方面認為自己戴帽子，會給委託人一種彷彿簽收宅配般，能夠輕鬆相處的感覺吧。只要讓委託人產生專業人士的印象，正式感也會油然而生，替雙方締造公事公辦的氣氛，而這也是我樂見的情況。儘管彼此都是從未見過面的陌生人，現場卻彷彿有本操作手冊擺在眼前，提醒我們保持最小限度的溝通就夠了，而且工作一結束，專業人士就會自行離去。所以我很慶幸自己一開始買的是工作帽，而非有簷帽、針織帽或是棒球帽。

當然，對我來說帽子有排除委託人視線（以及讓大腦停止運轉）的效果。因此雖然這種行徑略嫌失禮，但我連跟委託人見面打招呼也不會脫下帽子。更進一步地說，我對帽子的依賴，已經到了在人前脫帽會有點不好意思的地步。

至於與委託內容無直接關聯的部分，個性其實是很受歡迎的特質。例如我曾接過「陪同觀看職棒比賽」的委託，在比賽開始前，跟委託人去咖啡廳打發時間，於是委託人對我說：「請跟我聊些數學的話題。」我認為談論自身所學，也包括在「簡單應答」範圍內，所以就用眼前的紅茶開始談論心臟線方程式，或是奶茶表面照到光時出現的曲線，可以用什麼數學公式來表達云云，結果卻演變成物理和數學的長篇大論。但對方好像感到興致勃勃，甚至要求我先別管棒球比賽繼續講下去。雖然我們聊完後前往球場時，比賽已經進行到一半了，但姑且算是完成了「陪同觀賽」的委託。

只不過，像是「個人專長」或是「擅長領域」等附加個性——也許用能力來形容較為妥當。我所具備的能力，是否會帶給委託人相關的認知或是誤解，那就另當別論了。如果委託人對我懷抱奇怪的期待，實際見面後，便會產生「與預期形象不符」或是「即便如此也沒有特別有趣」的評價。萬一我身上被貼上標籤，會讓委託人覺得跟想像中的不同，進而大失所望。所以說真的，身為閒人出租，我想始終都保持既不正面也不負面，還有「零性能」的特性。

小時候的個性和長大後的個性，會有什麼不同呢？

✉ 閒人出租先生好！抱歉有點突然，但你今天可以接受委託嗎？委託內容是「在咖啡廳一起喝冰淇淋蘇打」，地點在澀谷站附近。

這位委託人是男性，雖然委託得很突然，但我覺得他並不是臨時起意想喝蘇打，應該是老早就想喝了。我也多少能理解單身男子進入咖啡廳時，很難開口點冰淇淋蘇打的心情，所以我二話不說接下委託，於是當天我們正大光明地享用了冰淇淋蘇打。

然而這份委託，卻在無意間給予大家「閒人出租喜歡喝冰淇淋蘇打」的形象。在那之後，與其說是委託人貼心請客，更像是我為了回應大家的期待，於是投其所好地在推特上接連發文說自己正在喝冰淇淋蘇打。想當然爾，我後來就膩了，索性故意發了像「有點喝膩冰淇淋蘇打了，現在改喝檸檬果汁汽水」之類的推文，企圖沖淡冰淇淋蘇打的印象。我想，公開展現變化是很有人味的事，被視為普通人其實也沒什麼不好。

雖然淡化形象，當個沒有個性的人較貼近「什麼都不做」的主題，但另一方面，假如太缺乏個性，反倒也會形成一種強烈的個人特色。所以對我來說，替推文夾雜些許變化，或雜訊般的資訊會比較妥當，而且太過沒有個性也是種壓力。有鑑於此，我在時而增添變化、時而語出驚人的同時，其實也在宣洩壓力。用更策略性的角度來看，由於「閒人出租」的服務內容和最初的設定已經產生了微妙的變化，於是我決定在推特上積極發表些能夠做為個人象徵的推文，像是從冰淇淋蘇打變成檸檬果汁汽水、改變帽子和外衣等。

本次聯絡您不為別的，是想拜託您前來法院旁聽。委託時間在一月，地點為東京地方法院（東京都千代田區）附近。順道一提這是民事訴訟，被告是東京大學。靜待您的回覆。

我接下某個委託：「希望閒人出租來法院旁聽。」委託人是原告，東大是被告。事由是原告修讀完碩士課程後，被教授命令不要繼續升學，妨礙他攻讀博士，因而控告對方學術騷擾。委託人表示，雖然必須跟討厭的對象對簿公堂，但知道旁聽席有位了解事情原委的人坐在那裡，心頭會踏實許多。

因為我是「閒人出租」，所以沒必要彰顯個性，也不打算這麼做。但如此沒個性的我，也面臨過被迫正視自我風格的時期，那就是求職時期。

在填寫就業申請表和參加企業面試時，大家為了彰顯個人風格，就必須掌握自身優點，然後用言語表達。由於我讀大學時沒交什麼朋友，所以就業申請表是我自己邊看工具書邊隨便填寫的。即便如此，自行列舉優點的感覺讓我很不愉快。各位不妨試想，老王賣瓜、自賣自誇的人，難免讓人心生嫌惡吧。但為了就業也只好默默忍耐。的確，許多電視廣告、就業博覽會和求職網都聲稱挖掘自身優點，包裝成「個性」和「強項」，對企業展現自己「工作的形式作風」和「無可取代的專長」才是正確做法。除此之外，這麼做也會促進工作動機。可是事情真是如此嗎？

具體來說，當時的我根本記不得自己在就業申請表上寫了些什麼。我想出「擅長將創意構想化為實體」的說法，用來包裝自己曾待過研究室的經歷。話雖如此，這根本就是種捏造事實，用好聽話包裝企圖矇混過關的做法。（順帶一提，我當時的女友兼現任老婆還充當面試官，為我進行面試演練。）我當時對於就業活動的一切都厭煩到無以復加。如今回想起來，自己在就職活動時被迫說了一大堆謊言，簡直就是這種文化下的受害者。

一如前述，我傾向避免曝光自己的專長，就是不希望能力被視為個性。大概是因為我在就業活動時，就思考過類似事情了。

我現在衷心期盼，一無是處的人，儘管對人類跟社會毫無貢獻，也能毫無壓力地活在世上。用誇張點的說法，這就是「間人出租」的活動理念。因為我深切感受到人類的存在價值與社會價值之間，存在著極大的落差。

在此稍微提一下我的家庭背景。

我排行第三，上面還有一位哥哥和一位姊姊。但正確來說只剩半位。我最年長的哥哥，自從大學升學考試失利、搞壞身體後，已經四十歲了還從未出過社會工作。至於我的姊姊，在就業活動期間吃足了苦頭，希望卻依然一次次落空，造成心理莫大的負擔，最後了結了自己的生命。

我想升學及就業挫折不是主因，也許只是加速他們身心狀況惡化、衰退的導火線之一。他們身心出狀況的年齡，正好是人生面臨許多不同壓力的時期。

反正，我在家逢巨變時還是個學生，但是看著哥哥、姊姊的存在價值，因為世俗的狹隘定義而蒙受曲解甚至傷害，他們的產能被整個社會否定。也許是出生在我們家的小孩，從小就幸運地不必背負沉重的負擔，父母也採取放任教育的緣故。為此，我們不太關注世間重視的能力，所以一旦出了社會，也得比別人多一倍努力才行。

雖然我姊姊身為社會人的性能，不符合面試公司的期望，但是對我來說，姊姊只要存在這世上，就有她的價值。然而，家庭和社會認知之間的落差，會帶給社會價值很低的人很大的壓力。我親眼目睹到迎合世俗衍生的壓力，足以逼人走上絕路，或是日益削弱自身力量。

因此，我不會刻意向人表明自己的專長。萬一受到「有沒有用」這種世俗價值影響而彰顯自身能力，其中產生的落差會為自己帶來壓力，甚至被「有能才有價值」的既定價值觀給束縛，所以我選擇「什麼都不做」。

今天辭掉了第十份打工的我，滿腦子都是自己難以在社會生存的負面想法。為了紀念此事，希望你陪我去自己第一份打工的店一起吃漢堡。

我接下某個委託：「為了紀念自己辭去第十份打工，所以希望閒人出租陪我去第一份打工的地點吃漢堡。」委託人希望抹去自己可能無法在社會上生存的悲觀想法，於是我邊吃著漢堡，邊聽他暢談自己迄今的打工經驗。過程中，他始終用悲傷的眼神凝視著店員。

我本來就認為與其列出「能辦到的事」不如列出「辦不到的事」、與其列出「感興趣」不如列出「不感興趣」、與其列出「愉悅」不如列出「痛苦」……總之，我向來都是用「自己辦不到」和「自己不想做」做為判斷基準，也就是靠「減法」摸索出自己的生存之道。透過跟難以容忍的事物劃清界線，促使事情的輪廓趨於明朗，來釐清自己的本意。

例如我去咖啡廳點檸檬果汁汽水，並不是因為想喝檸檬果汁汽水，而是喝膩了冰淇淋蘇打。我的人生是斟酌各種負面條件設計而成，逐一打破未知的可能性，不斷逃避「辦不到」和「不想做」的事，直到最後才踏上了「什麼都不做」的生存之道。至少現階段是如此。

世上究竟有多少人能從自我的風格找出未來的志向，並替社會帶來貢獻呢？沒有自我風格的人，還要勉強找出夢想和想做的事，也沒有任何好處吧。

相形之下，像「辦不到」和「不想做」之類的排斥反應，相當類似直覺。換句話說，由於接近生理反應，所以順從自己的感覺，在某種意義上來說，也能幫助自己誠實面對人生。

可以說，我對於是非善惡及承接委託的判斷基準，也是端看生理反應。就算面對「閒人出租」的委託，我多半也會憑生理反應或直覺，來決定承接與否。至於這種生理反應和直覺思維的運作，往往在面臨討厭事物時達到巔峰。我覺得在推特上公然聲稱自己不碰討厭的事物，換言之就是表明「我不喜歡做什麼」，也能間接刻劃出自己的為人，也就是所謂的「個性」。

「與其說出自己討厭什麼，不如講出自己喜歡什麼吧！」——這是知名漫畫《航海王》（*ONE PIECE*）主角魯夫的經典名言。

儘管這句話普遍被大家奉為圭臬，但我卻超討厭這句話，也很排斥會說這種話的人。主動挑明自己討厭什麼，究竟哪裡有錯？很多主動分享自己喜歡什麼的人，講話都籠統又無趣，看起來很像在藉機譁眾取寵，試圖美化自己。何況能明確說出討厭什麼的人，往往談話內容既具體又有趣，而且是實話實說，說是誠實的人也不為過吧。

由於委託人即將參加公司的春酒，所以希望我陪他吃頓飯做事前演練。我原以為委託人是極度怕生的人，沒想到他是罹患了「聚餐恐懼症」，這類患者除非是跟特定人士吃飯，否則就會出現噁心等不適症狀。但他實在找不到理由繼續推拒同事的邀約了。感覺滿辛苦的人生。

原先讓我不安到極點的春酒，在今天順利落幕，目前我正在返家的途中。前幾天閒人出租先生陪我吃飯後，我才能跟主管坦承自己有聚餐恐懼症，所以今天的聚餐像是挑地點等方面，大家都有顧慮到我。

罹患聚餐恐懼症的委託人，回覆我說春酒已圓滿結束。由於他先向我坦誠了這件事，所以間接降低了他向周圍人開口的難度，最終也順利獲得周遭人的諒解。委託人甚至表示：「你發那則推文後，讓有相同煩惱的人們紛紛浮出水面，使我感到如釋重負。」這也意味著我成為連回覆推特都能發揮效果的「閒人出租」了。

想當然爾，用減法過人生，難保不會侷限住自己的可能性。可是我在展開「閒人出租」的活動前，選擇粉碎掉一切可能性，就是因為我覺得可能性實在太多。如今回想起來，誤認自己擁有諸多可能，反而容易使人陷入迷惘，我明明什麼都辦不到，卻三心二意地想著「這樣好像可以、那樣好像行得通」，才會搞不懂自己該做什麼，以及適合走那一條路。所以越是縮小自己的可能性，越能摸索出自己該怎麼做，待縮小到極致後，我才得出了唯一的結論——自己適合什麼都不做。我想只要自己繼續從事「閒人出租」這個職業，既不會與他人產生嫌隙，本身也覺得有意思，應該會很快活吧。

至於我在捨棄一切可能性之前，又曾懷抱著怎樣的夢想呢？我在當研究所學生時，曾想過「當學者」、「努力上班出人頭地」，還有「利用工作以外時間寫小說拿文學獎」等等。我當時還因為愛看大喜利[4]式搞笑，內心湧起「去參加機智問答節目並且一炮而紅」等各種無可救藥的浪漫夢想。

其中最有可能實現的夢想，應該是「當學者」吧。我大學時主修物理學，然後直升研究所，隸屬於自然科學研究科宇宙地球科學專攻理論物質學團隊，展開地震的相關研究。具體來說，就是用編寫的程式執行地震模擬程式，模擬地震發生，針對頻率和週期的傾向進行統計及分析。但我始終無法相信，光是依靠熱衷於研究、翻閱許多論文，就可以預測出何時會發生地震。這種悲觀想法，導致我始終無法提高研究意願。更糟的是，「如果我們無法預測地震，哪天死掉也不奇怪」的想法，也逐漸佔據我的腦袋。雖然我想任何人都懷抱著類似的不安，但我內心的恐懼感，比一般人龐大而具體。

在此同時，我也面臨未來就業的抉擇。想當學者就得繼續留在研究所，但我心知肚明，研究所裡比我優秀的人才多如牛毛，更汗顏的是，自己缺乏對研

❹大喜利（おおぎり）在字典上的解釋為「事物的最後階段、結局」。近幾年日本電視節目和網上進行的「大喜利」是指根據主持人出的題目，仔細斟酌後給出戳中笑點的回答，屬於一種語言文字遊戲。

究的熱誠……基於以上種種理由，毀掉了我當學者的可能性。而且，我不認為自己能戰勝內心的排斥感、生理上的厭惡以及迷惘成為學者，因為我的個性就是如此。

✉ 您好。我即將在本月底離婚，一月二十七日（日）就會跟妻子分道揚鑣。我想在隔天吃麵當作紀念，你願意到國分寺車站前面的富士麵店陪我吃麵嗎？

✎ 我接到一個委託：「在我與妻子離婚的隔天，請閒人出租陪我吃麵做為紀念。」──委託人表示，前幾天他看到我在推特上發表陪同遞交離婚協議書的委託，因此興起自己也該在人生沉重的時刻積極運用這服務的念頭。委託人認為，富士麵店全天候不打烊的經營方針很體貼，在這種日子會忍不住想來。他吃完麵後，平靜地喃喃自語著：「心頭踏實了……」

我對於「閒人出租」這個職業感到心滿意足，或者說我很適合這份工作。理由之一就是我在前述說過的，「我的存在可有可無」。若是用動漫來形容，就是像小嘍囉般沒個性的路人角色。我的容貌也很普通，自認既不帥也不醜，不會給別人壓迫、骯髒的印象，算是長相中等。

至於另一個理由，則是我有好奇心。沒錯，並非是很強烈的好奇心，純粹擁有而已。我對人抱持著廣泛淺薄的好奇心，不同於會完全沉浸在特定領域跟作品中，並投入大量金錢以及精力的狂粉和御宅族[5]。雖然閒人出租的委託人

[5] 意指熱衷、埋頭於流行文化的愛好者。

中，這類人也不在少數。每當我陪同他們參加活動，或是當面詢問他們為何崇拜偶像時，都會從他們身上感受到無比的熱情。相較之下，當他們問我有什麼興趣時，不執著於特定事物的我反而會詞窮。然而也正因如此，我對任何事都會感到有趣。所以我在前述提到，自己完全沒接觸《偶像學園 Friends！》這部作品，卻還是參加了它的遊戲大賽，雖然後來覺得膩了，但我對參賽並不感到排斥。

看到這裡，我想大家應該曉得我是社會貢獻度極低，消極到靠什麼都不做來賴以維生的人，所以我自然不會排斥承接下面這則委託。

✉ 您好，我最近開始經營咖啡廳。我的營業時間是十一到十六點，但十一點時店內幾乎空無一人，令人提不起勁做開門營業的準備。可以委託你十一點時來我店內靜靜喝茶約一小時嗎？拜託你了！地點在新宿，我會為您準備美味的茶或咖啡。

或許有人認為，服務業提出這種要求很不像話，但我很能體會他的心情。明明就沒有客人上門，卻不得不做開店準備，真的很痛苦。由於我也不擅長早起，當上班族時，經常在進公司上班不久後就無精打采，所以我覺得這個委託還不賴。

當天直到開店前五分鐘，門口的鐵捲門依然是緊閉的，使我忍不住有些不安，但是到了開店前兩分鐘，老闆快步跑來跟我說「我是委託你的人」，我見狀後才鬆了口氣。然而剛過十一點，當天卻莫名奇妙地有幾位客人上門，我不禁暗自疑惑著：「咦，怎麼會這樣？」到頭來，我帶著「閒人出租的存在意義沒了」的些許遺憾，享用了美味的咖啡歐蕾。

✉ 您好，我突然想送錢給別人，您願意接受亞馬遜（Amazon）禮物卡嗎？

✎ 您好，沒問題。

✉ 謝謝你。

謝謝你！！！！！

突然想送錢給別人的委託者，詢問我是否願意接受亞馬遜禮物卡。想也知道沒問題的我承接這份委託後，居然收到市價五千日幣的禮物卡，於是我回了五個「！」表示感激。這股莫名其妙的好運從年初開始延燒至今，我衷心感謝。

當我在推文的字裡行間中流露出人情味時，底下的留言以及愛心數量都有增加的趨勢。儘管我大部分時候的推文語氣都很平淡，但偶爾流露情感、口出惡言或是掀起罵戰時，反而會得到網友「這傢伙意外地有人情味，我喜歡」的反應。此外，我也會因為收到亞馬遜的禮物卡和商品券之類的有價物品，而興高采烈地發推文，同樣被網友們認為是流露出人情味的細節，有不少人覺得我這樣的推文很可愛。

由於「閒人出租」幾乎是免費提供服務，所以追蹤者們難免會認為我是把金錢看得很淡的人。我關於金錢的想法暫時留待後續討論，但舉凡是人都會渴望金錢。我在推文裡不經意透露的真實心聲，成為一種適度的刺激，讓大家覺得「原來這傢伙不是聊天機器人」、「原來他是活生生的人」。儘管我刻意避免被貼上性格標籤，但不小心洩漏的真心話，卻為自己建立起個人品牌，也算是無心插柳柳成蔭。

此外，不具備與他人聊天的特長跟能力的我，卻適合從事「閒人出租」，有很大一部份的原因是我有妻兒。我有家庭的身分，會帶給委託人「有家累的人八成不是壞人，應該也不太會做詭異的事」的安心感。實際上，也的確有委託人當面跟我講過類似的話，而且我也會三不五時在推特上宣佈自己「三十五歲已婚」的身份。

老實說，我起初多少不安又期待地猜想會有異性示愛，但該說是幸運還是不幸呢？這種事從未發生過。曾有人發私訊給我「跟我上床吧！」當我回覆：「因為我已婚，這構成婚內出軌，所以無法答應。」結果對方居然回我：「那我認真奉勸你別當閒人，去工作吧。」反被說教的我不禁感到一頭霧水。

話說回來，我曾想過八成會接到「希望看我自慰」之類的委託，不過現階段還沒出現。雖然沒接到自慰的委託，但曾有人發訊來，希望我在場看他與網友約炮。從「什麼都不做」的觀點來看，委託內容還算符合，但我還是先與妻子商量過。妻子認為「還是不要吧，感覺很噁心」，所以最後還是推掉了。

最近遇到某位跟「閒人出租」致敬，打著「出租拚命三郎」名號進行活動的人。聽說他只接到日薪臨時工的委託，所以很快就終止活動了。

我在二〇一八年六月在推特上展開這項服務不久，「出租〇〇人」等諸如此類的推特帳號，也週而復始地出現又消失。其中一種是強調「傾聽」和「擅長聆聽」，即提供不否定他人、默默聆聽的服務。對我來說，出現自己的模仿者感覺很新鮮，卻也有股難以言喻的異樣感。如果要用言語來形容，比較接近「這些人的目的似乎是行善」，換句話說，就是多少給我種偽善、盛氣凌人的感覺。當我跟妻子聊到推特出現以「擅長聆聽」做為賣點的帳號後，她斷然表示：「自稱擅長聆聽的人感覺很討厭。」我也有同感。

現在我認為，這類模仿者是站在主動提供服務的立場，與被動提供服務的「閒人出租」完全背道而馳。在他們強調「聆聽」的那一刻，就已經是在「做事」了。因為「什麼都不做」的範疇已經被我捷足先登，所以就算他們想模仿，也不得不加以變造。然而當模仿者附加某種服務時，就已經不是「什麼都不做」了。世界上所有服務和工作，都是以「做什麼」為前提，顛覆這樣的前提，正是「閒人出租」的獨特所在。

如前所述，在我從事的「什麼都不做」活動中，「聆聽」的需求還算多。說得巧妙點，如果「什麼都不做」的定義範圍跟「什麼都做」一樣，那「聆聽」只是「什麼都做」範圍內的其中一件而已。因此從許多不做的事情中剔除「聆聽」的我，跟單純聆聽的人其實不太一樣。就這層意義來看，他們根本連模仿者都不算。

其中有些人的推特帳號甚至直接抄襲「閒人出租」這四個字。或許各位讀者會覺得我在自誇，但我認為這些帳號都缺乏個人魅力，推文也乏善可陳沒有吸引力，很難激起別人想見面的欲望。

相反地，當我初次耳聞「被請客專家」時，不禁在內心想著：「這個人肯定有很多驚人的體驗，真想跟他見面。」而且「被請客專家」算是前所未有的創舉。因為那人當真可以付諸實行，因此他平常的言行舉止，才會格外引人入勝且備受矚目吧。真要說起來，我也算是被請客專家的模仿者。

每個人一生中都必須找到持續在做的事，但天生反骨的我什麼都不想做，卻偏偏生在根據人與人之間的差異，被賦予定義以及委派任務的現代社會中，實在是有夠麻煩。

✉ 我在基督教教會工作，想邀請閒人出租挑一個週日來做禮拜。雖然絕大部分的教徒平日都要上班或上學，只能挑週日上教會，但我做禮拜的地方也是職場，難免感到自己的人際圈很狹窄。至於邀請的動機，是覺得有位有趣的人到場，自己也會覺得很好玩，可能會擁有愉快的一天吧……

只要您願意過來，簡單應答我就滿足了，請務必考慮。

我接下某個委託：「希望閒人出租去教會做禮拜。」由於委託人任職於教會，連做禮拜都是在同個地點，有感自己人際圈狹窄。雖然他向接待人員介紹：「這位是什麼都不做的閒人出租。」但對方卻回答：「雖然您自稱什麼都不租，但還是要借聖經吧？」顯然對方完全沒搞懂。

CHAPTER

3

不縮短人際距離

即便如此，也不會讓人感到孤獨

✉ 我有位幽默有趣的女友，卻很難向朋友公開，於是我突然想到，可以向閒人出租傾訴。只要您可以適時應答，偶爾回幾句像是「她真是可愛」之類的話，我就很高興了。

✎ 委託人希望我聆聽與同居戀人的戀愛故事。雖然故事的主角是「有趣的女友」，但委託人也是女性。周圍很少人知道委託人是同性戀，就算鼓起勇氣承認，但別人有時也會在毫無惡意的情況下踩到地雷。委託人基於「感覺閒人出租不會踩到我的地雷」的想法而來委託我。

開始從事「閒人出租」的工作後，我才驚覺到，原來世界上有這麼多想說卻不能說的事。這些委託人跟我的關聯性之薄弱，形同於電車上對坐的乘客，或是熙來攘往的街上擦身而過的陌生人，但他們卻喜歡在同行時，向我吐露許多內心話。

我在第一章有稍微提到自己承接的委託，以「聆聽」為大宗，但我清一色只會做簡單應答。不過，聆聽的情況不僅限於聆聽類的委託，像是我陪同去委託人支持樂團的演唱會、陪同逛藥妝店、陪同去KTV……等，委託人會在沿途上談論自己的工作、興趣、日常生活、想法等私事。或許他們是顧慮到如果沒話聊冷場，會讓我很尷尬吧。但是在我眼中，會主動談論起自己的委託人們，都彷彿像是站上了舞臺（雖然有點不好意思）。儘管置身於像街上和行駛的車內這般隨處可見的情景，但委託人在談論自我的瞬間，簡直像沐浴在聚光燈下，甚至連瑣碎的交代身世，都給人一種在講故事的感覺，讓人不禁聽到入神，回過神後，才發現已抵達目的地，諸如此類的情況相當常見。那些登上舞臺的委託人們，甚至會散發出一股與專業演員極度相似的魅力。

相反地，認識至今的朋友和熟人從未給我這種感覺。我的理論是，大家跟朋友相處時，可能會避免話題總是圍繞著自己，或是過度暴露自己的內心深處想法。所以，就算跟朋友聊天打發時間，也會語帶保留；可能會為了給人面子，偶爾也必須聆聽；或是隨口問對方最近過得如何。人會為了維繫人際關係不斷調整自己，好讓雙方都能同等地展現自我。

由於我在委託人眼中，是只見面一次的陌生人，而且我不會展現自我，這點也為人際相處模式締造了新的可能。

除了「聆聽」以外，要求我擔任理應是像是親人角色的委託也不在少數，像是「陪同遞交離婚申請書」、「在新幹線月臺目送搬家的我離開」、「希望你站在馬拉松比賽的終點」、「來醫院探病」等。委託人們對毫無關係的我，究竟懷有什麼期待呢？

普遍來說，聆聽類的委託談的多半都是「難言之隱」。但在諸多難言之隱中，某件委託讓我留下了深刻的印象。

那位委託人的私訊內容寫著：由於自己擁有從未公開過的成長經歷，現在正為此所苦，卻又難以啟齒，所以希望閒人出租能聆聽。我去找這類型的委託人時，除了利用像是咖啡廳等公共場所，也會前往隱密性很高的委託人自宅，當時也是如此。那是臨近歲末，世間瀰漫著聖誕節氣氛的十二月下旬。

將我邀至家中的委託人，先是喝著酒談論些不著邊際的話，最後貌似還是無法下定決心，向我道歉：「我覺得今天可能不行，主要是我內心仍有尚未解決的問題……」我聞言後只回了句：「了解。」

此刻我才注意到，原來自己在委託人的家中已經待了整整四個鐘頭，就在我起身覺得差不多該回家的時候，委託人冷不防開口說：「俄羅斯好像仍有不少教徒……」，並且表明自己曾是奧姆真理教[6]的信徒。

委託人年幼時期受到父母的影響入教。一九九五年，教主麻原彰晃（本名松本智津夫）以「東京地鐵沙林毒氣事件」的首謀身份遭到逮捕後，委託人便脫教。雖然爾後曾暫時隸屬於奧姆真理教的後繼團體，但如今已經徹底脫教，進入一般企業上班。

至於他為何要揭露自己是前奧姆真理教信徒，主要是他對於二〇一八年七月六日，麻原和原教團幹部總計七人遭到處決一事感到難以釋懷。事實上，委託人無法接受死刑的判決結果，他認為「麻原先生並未直接下達指示（指以地鐵沙林毒氣事件為首的一系列事件），儘管很想當面問他，但真相也隨著他的死去一併入土了。」。根據委託人所述，教團的人們既親切又溫柔；他在訴說「井上（嘉浩）先生對我照顧有加」的口吻，除了有緬懷當年的情緒之外，更帶著一絲哀愁。

我認為這的確是不足為外人道，又讓人難受的事情吧。那位委託人為了隱瞞過去是前奧姆真理教信徒的背景，甚至不惜改名。在正常環境下長大的人自我介紹時，說出「我畢業於○○大學，參加△△社團，目前任職於□□公司擔任××職務」等內容的自然而然、毫無迷惘，總讓委託人感到羨慕不已。「我不懂該如何跟人解釋自己的情況，對於編造身家背景也有愧疚感。」可是童年回憶、生長環境、過往人際關係……正是這些不可告人的過去，造就了今日的委託人。

我記得當時自己非但沒有貫徹簡單應答的態度，還對委託人說的話感到興致勃勃，進而產生了許多對話，而且聊得還算起勁。像是「宇宙」和「靈魂」

---

❻ 奧姆真理教是日本代表性的邪教團體，一九九五年犯下東京地鐵沙林毒氣事件，造成五千多名無辜者死傷慘重。

的話題，恰好是我感興趣的領域。我在那位委託人家中待了五個小時，但委託人是在最後一小時才正式聊起自己的身世，當時我們之間的氣氛，已經到了能夠愉快聊天的程度。

或許有人會覺得，這種行為似乎違反了「閒人出租」的原則，或是無法算在「簡單應答」的範圍之內。不過「什麼都不做」的標準，本來就是基於我個人主觀而定，所以我先前才會說，這條界線相當曖昧。「簡單應答」也是一樣，如果真要設立一套標準，那委託人請我針對諮詢內容提供回答與建議就不適用。假設在這次的案例中，委託人向我提出「我隱瞞自己曾是奧姆真理教信徒的身份，生活的很痛苦，請問我該如何過得快樂點？」這類問題，我也應該無法回答（更準確地說，我也不可能知道答案）。然而當委託人聊到「對宇宙很感興趣」時，我就會自然地搭腔：「啊，我也有興趣」。儘管話題跳脫了委託人煩惱和諮詢，但只要在我的興趣範圍內，我就會超出簡單應答的具體回話。因此，我也想把這種情況納入「簡單應答」的範圍內。

我曾發過下則推文：

有位委託人說：「希望你聆聽我無法向人訴說的話。」雖然他好像找認識的人與「出租大叔」談過，但透過人際關係和金錢進行的諮詢，反而會留下對方想設法幫忙，結果弄巧成拙的禍根。此外，諮詢者跟被諮詢者也會形成不對等的關係，讓委託人感到難以忍受。

看到這則推文的追蹤者，紛紛這麼回覆：

💬因為善意的介入有時反而會導致事態惡化，因此對於想「維持現狀」的人來說，「設法幫忙」等同「攪局」，只要闇人出租願意聆聽就有幫上忙了。

💬雖然我才剛開始利用「出租大叔」的服務，但我深深認為對方保持「不干預」的立場這點相當重要。

我覺得網友做出的分析都很精闢，根本不需要我特別附加說明。談到「純粹聆聽」這方面，雖然委託人偶爾會誇獎我「很善於應答」，但我本人毫無自覺。相反地，還有人在推特說我雖然很好聊天，但應答時感覺像在插嘴。雖然那位發文者是語帶調侃，但回想起來，我確實有這個毛病。由於聽完長篇大論後，我能輕易猜出對方接下來會講什麼，導致我的應答感覺像在插嘴。自從有人這樣反應後，我就沒有那麼急於應答了。

除了先前提過的奧姆教前信徒以外，也有其他委託人對我訴說過相當沉重的難言之隱。以下是他當時在推特上的公開委託文：

✉ 我想確認自己與其他生物共存的狀態，希望能租借您六小時至一天，請務必考慮。

長期獨居的委託人，已經遺忘生活空間內存在他人的感覺，所以他希望我待在他家一段時間。他在文末補充說明：「因為我是隱藏自己的本性而活，所以希望您能聆聽我無法對任何人訴說的事。」

與其說委託人的目的是「想確認自己處在除了自己，還有其他生物存在的狀態」，不如說我的存在他身上引起了正面的變化。比方說，他會開心地跟我說：「知道自己的味覺沒有異常，我就放心了。」

這位委託人的酒量很好，他拿出自家醃製的叉燒和泡菜，還當場快速製作了章魚和鴨兒芹拌菜等下酒菜類的料理來招待我。由於每一道都很好吃，我每吃一道都會讚不絕口，委託人也會笑容滿面的回應：「啊，太好了。」順道一提，委託人家中的小冰箱內塞滿了各式各樣的酒，有種讓人隨意取用的邀請感。我跟他碰面後，就待在他家，品嚐他自製料理跟小菜約六個半小時。也許是因為我待太久的關係，委託人似乎久違地想起了有人在家時，廁所門應該要關好。

我們就這樣和樂融融地閒話家常、飲酒、享用佳餚後，委託人彷彿順水推舟般，娓娓道來從未跟他人提過的經歷。我依慣例聆聽，並在適當時機點簡單應答。他在十多歲時曾進過少年感化院，一會兒之後，他才喃喃自語地說：

「因為我殺了人呢……」

這位委託人給我的感覺，不管是見面時的第一印象，還是在自家聊天時，都流露出像是醫生或某某專家的談吐，簡單來說，我原本以為他是一位社經地位頗高的人士。

我當時最直接的感想是：「沒想到這樣的人曾經殺過人，真讓人訝異。」

「看似能幹又很會烹飪的他，居然會有如此驚人的過去。」

可以說，這個「意外性」反而讓我很感動。而這次的事件，也稍微改變了我看人的眼光——即便是乍看溫和圓融的人，很可能真實性格相當激烈偏執。

那位委託人事後問我：「這種沉重的話題，是否會對你產生精神的負擔呢？」老實說我絲毫沒有這種感覺，反倒是頻頻被委託人們問到同樣的問題，讓我不禁想反問：「咦？沉重的話題會讓大家產生精神上的負擔嗎？」

儘管有人會質疑我冷漠無情，但我在聆聽委託人的談話時，其實滿腦子都在想著「這個寫在推特上應該很有趣」、「好，我有很好的梗了」之類的事。該說是我的個性比普通人還要淡漠嗎？但我確實不太會被他人的情緒左右。也許不容易跟對方產生共鳴，才適合從事閒人出租這項活動吧。如果「聆聽」必須著重在跟對方將心比心或是產生共鳴，我只能說那樣並非我的做法。

又或者，我不會受到委託人的沉重話題所影響，是因為自己天生缺乏想像力吧。對我來說，放任想像力馳騁的行為，會造成某種程度的負擔，所以我不太會這麼做。因為不管我多麼努力發揮想像力，也不可能真正了解另一個人。

另一方面，也有委託人表示，不會多嘴的我默默坐在（或是站在）身旁，他們就能隨心所欲地解讀「眼前這個人究竟在想什麼」。因為我完全不會將自己的心思告訴對方，因此委託人會憑個人臆測及前後文，自行腦補我的想法，將我塑造成理想的形象。我想，就像是悲傷時有人在旁邊安慰，快樂時有人在旁邊同樂，委託人會透過受人認同、理解的感受來確認自己存在，就算對方只是位陌生人也好。反過來說，如果我侃侃而談，想必會扼殺掉委託人關於我的反應的想像空間。

雖然從未思考過這類的事，但我基本上是不管別人做什麼都悶不吭聲的人，反過來說，也代表不管別人做什麼，我都無所謂吧。最好的證據就是我承接過的委託內容相當五花八門。

用極端點的比喻來說，自然界的生物，像是孔雀、閃蝶以及吉丁蟲等，牠們天生沒有固定的顏色，卻擁有在光的照耀下看起來色彩斑爛的「結構色」。這種物理性的構造會折射或是干涉光線，所以即使無色素也會有若隱若現的色彩。閒人出租本身也不帶個人色彩，而是根據觀看者的波長或是角度，改變顏色和形狀，也許就像是吉丁蟲般的存在吧。

別人經常問我：「當你面臨打從心底覺得無聊，或是必須跟不投緣的對象同席、同行的情況，都不會想半途而廢嗎？」畢竟我並未收取任何時薪等酬勞，閒人出租只是讓我本來的自由時間受到束縛。既然如此，按常理我難免會期待對方跟自己聊得來，或是會為自己帶來什麼好處。不過，遇到只有我跟委託人兩人獨處的情況時，基本上我不會想中途離開。雖然我在推特上聲明「有時會依心情先行離開」的立場，但遇到一對一相處的情況，無論我跟對方處於何種關係，先行離開都會讓我感到壓力很大。

總之，我並非是顧慮對方，終究只是因為這麼做自己會很有壓力。相對來說，委託進行到一半就喊停，也得克服莫大的壓力，而且我也難以想像會遇到讓自己討厭到必須採取這種行動的委託人——至少現階段尚未碰到過。如果是讓自己討厭的訊息，也會隱約察覺到不對勁，從一開始就不會接受委託吧。

但這點之所以成立，也許是因為「閒人出租」算是「相會無法再重來」的緣份。換作像是學校、職場等每天見面的關係、家人或是長久交往的對象等，想必情況會大不相同。我想委託人之中，也有人是這麼想的吧。（但委託人也未必都會告訴我租借後的感想，所以也不曉得彼此的想法。）

前陣子委託結束後，委託人說：「我好像是就算開心別人也看不出來的人，所以很容易讓對方感到不安，但我其實超開心的說。」由於我也是去飲酒同樂會時，會被同席的人問：「你都不說話，真的開心嗎？」因此對委託人有種同病相憐的感覺。

承接聆聽抱怨類的委託時，很常遇到委託人劈頭就說：「雖然可能很無聊……」這些微不足道的煩惱，感覺就算說了也只會被對方一笑置之，所以沒有發洩的管道。眾人公認的不幸固然讓人痛苦，但枯燥且瑣碎的微不幸，好像也是種特有的痛苦。

提到枯燥乏味，當我傾聽委託者無法向人傾訴的事時，很多當事人都會用「雖然可能很無聊」做為開頭。話雖如此，但我鮮少聽到真正無聊的事情。

例如很多人想聊自己喜歡的樂團和動漫，但所知的資訊遠遠不及狂熱愛好者，卻又想跟他人分享，所以委託閒人出租聆聽。用客觀的角度來看，也不是不能理解他們的難言之隱。試想一下，沒有誰不喜歡談論自己喜歡的人事物吧，但這類委託人缺乏死忠粉絲的獨到觀點，覺得自己無法對同好有所貢獻，所以不敢找別人傾訴。我多少能明白這種心情，像我喜歡搖滾樂團 SPITZ，雖然不至於每張專輯都收藏，但也會有喜歡到忍不住想找同好談論的時候。但一旦想到該找人訴說時，依然會裹足不前。

雖然這種說法有點抽象，但與朋友聊天時，談話內容會存在既定的模式或是正確的說法，一旦偏離這個界線，雙方就會聊不起來。這是我在承接各式各樣委託時，所察覺的現象。像是因「偶像」或「電玩遊戲」等興趣集結成群的人們聊天時，彼此順著興趣分享相關資訊，算是一種正確的做法，一旦閒聊內容稍微離題，大家就會覺得掃興。我想大家在有意無意間，都能感受到每位發言者對於興趣的程度差異。

如果離題的發言，真如同字面上的意思是「無聊的話題」，說話者很可能會被他人冷眼以對，加上如果聊起沉重的私人話題，別人很可能會覺得：「咦？我是想聊興趣嗜好，為什麼突然講這個？」現場的氣氛也會跟著改變。所以變得在聊天時必須語帶保留，往往會陷入想聊卻不能聊的狀況。因此最適合傾訴的對象，就是宛如在伊索寓言《國王的驢耳朵》中扮演蘆葦角色的「閒人出租」吧。

至於向我傾訴難言之隱的委託人，事後的反應如何呢？雖然不能一概而論，但典型反應都是偏正面的，像是「痛快多了」、「還好有說出來」跟「感覺很快樂」等。前述奧姆教前教徒和有殺人前科的委託人，都偏向這種反應。

另一方面，也有委託人對我說：「果然說出來也是無濟於事呢。」其中還有人好像在顧及我的感受般隨即補充說明：「不過能說出來，本身就是件好事。」由於我老早就強調自己「什麼都不做」，因此至今還沒收過像「我一點暢快的感覺都沒有！你打算怎麼辦？！」之類的客訴。

傾聽類委託人，事後大致區分成「心態變得積極而喜悅」，還有「依然難以釋懷」這兩種。我認為後者（但僅是我個人印象）似乎是希望他人給予建議，但我必須再三強調自己無能為力。

雖然也有人問我：「這類委託人是把內心的煩惱化為言語，好讓自己更能坦然接受嗎？」儘管並非都是出於這個原因，但我認為下則案例比較接近這種說法。

假如您還有空，十二月十九日（三）可以來成田機場為我接機嗎？我最愛的奶奶在我預定啟程出國留學的當天早上離世，所以我無法參加她的喪禮。這次回到日本後，我終於能為她掃墓，但自己抵達機場的感覺想必很寂寞吧。如果有人能在機場揮手迎接我，我心頭會踏實許多。

由於承接了委託，所以我跑去成田機場的入境大廳去迎接委託人。雖然要瞬間認出且迎接從未見過面的人很困難，但幸好委託人的裝扮很好認，最後我總算找到他，朝他揮了手。雖然我不曉得自己對他的精神層面是否有所貢獻，但我在他辦各種入境手續時有替他拿行李，至少在實用層面上有做出貢獻。

接機完畢後，委託人跟我說他想唱歌，也希望我傾聽奶奶的事，於是我順便陪他去了KTV。委託人先是唱了一下歌，才開始跟我談起奶奶的事。他說，奶奶家有兩個巨大的冰箱，而且冰箱內全都塞滿了冰淇淋，對他說：「隨時想吃都可以儘量吃喔」，是位非常溫柔的人。

委託人告訴我委託的原因是，雖然他很難過自己無法出席奶奶喪禮，卻又不想跟久未見面的朋友聊這麼灰暗的話題。我能明白他不想拜託朋友接機的苦衷，也認為這跟我在前述章節提過的論點多少相關，也就是「向人商量煩惱」等於「被人掌握弱點」。

那位委託人無論是抵達機場，還是前往KTV包廂的路上，甚至在唱歌時，都沒有露出任何寂寞的表情。然而，當他開始談論起自己的奶奶時，情緒才慢慢開始變得激動，最終淚眼婆娑。想必委託人將心事化為言語後，才重新體認到奶奶的離世，進而消化並接受這份值得悲哀的事實吧。

當然，坦承自己是奧姆教前教徒的過往，與追憶心愛奶奶的情況無法相提並論。不過向人訴說自己不為人知的心事，有時會讓內心深處的疙瘩煙消雲散，有時卻會更加刻骨銘心，會有何種結果，端看委託人怎麼想。當然，我也不知道結果究竟會是如何。

順帶一提，老實說雖然這些委託人的委託內容很有意思，但假如今天立場顛倒，我恐怕不會希望有人陪伴自己吧。

我並不是輕視或否定這類委託人的心情。普遍人際交往中，我們願意陪伴的人，往往是自己重視、會產生同理心的對象。反過來說，如果陪伴對象缺乏同理心，他的陪伴對我來說是種折磨，我會因為不知道是否有必要跟對方說話而感到尷尬，也不曉得該說些什麼才好。但只要我的身分是「閒人出租」，就不必安慰對方，別人也不會奢望我有同理心。我承接這類的委託，純粹只是因為內心湧現「或許我的存在能夠盡一點棉薄之力」的想法。

除了上述案例之外，如果委託人真的有迫切需要，就算面對我壓根無法認同的委託，我也會扮演好自己的角色，接納一切。

理應由家人擔任的角色中，「探病」應該算是名列前茅。

✉ 晚安，初次來信。
就是……我住院了。可以請你過來探病嗎？
我已經住院將近一個月，卻沒有一位家人前來探病。我不在意洩漏本名，如果閒人出租先生願意隨便帶個便當過來，我願意負擔車資和便當錢。

換言之，這是「病人希望我過去探病」的委託。但這份委託和這位委託人的背景都很特殊，用「探病」一詞來形容似乎不太妥當……

在此容我做個粗略的說明。委託人是位女性。當初大量服藥自殺未遂，所以被送往精神病院的隔離病房。院方為了預防病患自殺，即使是手機充電線和耳機等線材類，也一律不准帶入病房。此外，院方也會限制病患瀏覽網站與社群網站的時間（必須把手機交給護士才能充電），更無法看電視，所以委託人非常閒。而委託人的家屬都住很遠，很難來探病。

我一踏入病房，委託人立刻說：「請幫我簽名」。由於我手邊沒紙，只好寫在病房內的〈住院須知〉的背面。首先，我為了打發時間陪她下了盤黑白棋，卻大勝了她，原本我感到有點擔心，但委託人隨即興高采烈地開始介紹自己喜歡的服飾品牌，以藥物做為設計概念的「BLACK BRAIN clothing」，所以應該是不要緊吧。委託人當天穿的服裝也是該品牌的T恤。至於印在上衣胸口的照片，聽說是該位設計師自拍自己用藥過度被送往醫院的情景。根據有類似經驗者表示，還能拍照就代表意識很清楚。

老實說，委託者的處境以及精神病院的隔離病房奪走了我所有的注意力，所以我壓根沒有探病的自覺。話雖如此，儘管我對委託人來說是個陌生人，但我認為自己做出的行為，從客觀的角度來看，應該符合「探病」的定義。

委託人似乎有出現躁鬱症（雙極性情感疾患）的症狀，但相對地，由於她只是精神反覆呈現躁鬱，所以行動自如。然而，委託人覺得住院生活實在閒到發慌，因此「閒人出租」可以填補她一部分過多的時間。我想自己應該有發揮到打發時間的效用，而委託人的確也看似心滿意足。

從這層意義來講，「探病」未必僅限於親屬，而是端看病患的症狀以及精神狀態。

住院病患應該遠比我想像中的還要空閒。誠如前述說明，這位委託人的病房內不只沒電視，連用手機的時間都被限制，簡直是無聊的地獄。「無聊」二字原本給我一種游手好閒的印象，但這份委託實在大大地顛覆了我的想像。

這份委託其實還有後續發展。當時我破天荒主動向委託人提出回訪的請求。因為我確信自己是貨真價實地在「探病」，也就是說，再訪也絕不會為對方帶來困擾，我鮮少能這麼篤定。除此之外，還有另一個特殊狀況，那就是這次再訪會有電視臺的人員陪同拍攝。

其實第一次探病時，原本有電視臺的攝影師預定同行採訪，然而當天適逢該病院院長休假，無法獲准進入醫院中拍攝，所以電視臺的製作人員只好放棄。徵詢二次探病的我，其實是帶著「希望挑院長在醫院，方便確認是否同意電視採訪的日子」的想法。

這項請求顯然別有所圖。但我會想再訪的最大原因，就是我也對於「探病」的委託樂在其中。與很難打發無聊時間的特殊經驗者聊天，非常有意思。當我提出再訪的要求時，委託人開心表示：「你願意再過來嗎？請務必這樣做！」但當時委託人處於躁期，不管我講什麼，她八成都會覺得開心吧……畢竟機會難得，所以我在第二次探病結束後，也發表了一系列的推文。

今天我又去二次探病。由於上次得到廣大迴響，所以委託人的推特帳號也收到了大量的私訊。聽說從鼓勵的話語到「〇〇醫院怎麼樣？」和「還有空的大病房嗎？」等相關詢問都有。有人還莫名傳給委託人連她本人都尚未看過的住院費收據（價格還算合理）。

✎也許是網友的迴響太過熱烈，聽說委託人好像躁症嚴重發作，不但一夜未眠，即使到隔天也靜不下來，於是主治醫生禁止她使用社群網站。雖然醫院對外聲稱不許陌生人探視，但我有獲准去見過她一次。正值躁期的她，乘機跟住院前的租屋處解約，連下個住處的租約都簽好了，效率之高讓人佩服。

✎委託人表示，自己做了無法在推特上發表的人生重大決定，還跟我分享一件有趣的事。聽說主治醫生傻眼地對她說：「妳居然能在網路上鬧得如此沸沸揚揚。」看來就算在精神病院的隔離病房，只要有網路，也能掀起風暴。

曾有位年約七十歲的委託人，發來一件跟探病有異曲同工之妙的委託。

> 我接下某個委託：「希望閒人出租能陪我弟弟說話。」所以我在今天上午前往安養院，也就是老人護理之家。委託人的弟弟比我父母還年輕，但因事故導致全身癱瘓（我沒細問原因）。我們聊得很愉快。他請我下次去的時候準備兩個謎語和兩個笑話，所以有誰能提供我謎語呢……

雖然委託人的弟弟在護理之家幾乎過著長期臥床的生活，但意識卻相當清楚，每天的胃口也很好。撇開全身癱瘓不談，他的健康狀況算是相當良好，也因此每天都閒到發慌，因此委託人才會拜託我：「我弟弟很愛聊天，希望你去聽他說話。」

雖然我對老人護理之家多少有點抗拒，但還是基於「尋找推特發文素材」的企圖，抱著去一次看看也好的想法接下這份委託。但我終究會在意工作人員的眼光，難免會感到有壓力，所以我跟委託人先約在機構前碰面，請他帶我到他弟弟的房間，此後的幾個小時，委託人都不在現場，我則是坐在他弟弟的床邊陪伴。

委託人的弟弟以前是位旅行社領隊，聽說一年到頭都在往返國內外度過。從事這種工作的他，累積了各種包羅萬象的話題，很想跟人分享卻苦無聽眾。我猜他也經常說給委託人聽，但委託人不知為何，好像很難撥出時間來陪伴（或許是兄弟之間不方便聊太多的緣故吧）。

我依慣例簡單應答，津津有味地聆聽他弟弟在許多國家的豐富經歷，但聊到最後難免會無話可說，所以我們索性開始玩猜謎遊戲。他弟弟陸續出了一些謎語給我猜，但遺憾的是，我完全忘記當時猜了哪些謎語。由於我一個謎語都講不出來，所以離去前他吩咐我：「下次見面時，請準備些謎語過來。」

儘管委託人的弟弟說了「下次見面」，但我在那之後就沒再見過他了。基本上，除非委託人再次開口邀請，我才能過去（而且我忘了當場提出再訪的要求）。但我想雙方是在足以說出「下次見面」的和樂氣氛下道別，應該有確實發揮了讓對方想再次見面的效果。

話說回來，起初委託人的弟弟好像對我的身份感到疑惑，委託人告訴他：「今天這個人會聽你說話」，他也莫名地坦然接受了。但他似乎仍搞不懂我究竟是什麼人，到頭來好像將我當成是待業青年，所以他三不五時就鼓勵我：「只要多方嘗試，工作就會自動找上門。」

我還接過一個委託：「希望陪我走一段過去的上學路，並在途中聆聽我當年的往事。」委託的原因是想告別精神創傷。簡單來說，委託人小學時曾被霸凌造成心理創傷，長大後還是無法擺脫陰霾，也未曾跟任何人提起過，因此他想再走一趟當時的上學路，將自己當時的經歷和當時的感想化為言語，藉此克服心理創傷。

雖然走在上學的路上時，委託人始終沒有笑容的微低著頭，但走到校門口時，他的表情漸趨於明朗。他隔著校門指著校舍和操場，跟我說音樂教室在哪邊，在那間教室內曾經發生過什麼事情等等。這時的委託人，比起走在上學路上時多話許多，而且看得出他是沉浸於校園霸凌以外的回憶當中。

由於委託人自稱天生性格陰鬱，所以身為旁觀者的我，根本看不出他心思上的變化，但他似乎有變得稍微開朗了些。

我認為「閒人出租」遇到這種極度迫切性的委託時，會更加提高本身的匿名性，並大幅降低個性和性能的需求。

越是煩惱到極點的人，越會覺得傾訴對象是位陌生人就好。他們委託「閒人出租」的動機，並非是出於滑稽有趣，而是純粹渴望「一人份的存在」吧。

曾有人說過我的服務很像是傾聽義工。聽說做為好的傾聽者，重點在於不批判和反駁對方，也不能將想法強加於人。雖然我並不是刻意以傾聽者為訴求，我只是依照委託人的要求，單純陪著委託人，直到他們覺得夠了，而我「什麼都不做」的行徑，也與這兩大傾聽重點不謀而合，所以才能圓滿達成任務。其實我也不曉得那些懷抱煩惱與心理創傷的委託人，最後是否成功靠自己解決了問題。拿前述的委託來說，除非我刻意去向他打聽，否則我根本不知道委託人是否對此感到滿足。

也有委託人並非基於心理創傷，而是想要重溫往事，如同以下案例。

✉【委託原因】我的童年時期是在隨著父親調動職務、四處搬家中度過。東京這塊土地，充滿著我五歲到九歲時的回憶。但故居已經被拆除，昔日光景已不復在。時至今日，我已沒有獨自重遊舊地的勇氣。話雖如此，我也不好意思把毫不知情的朋友牽扯進來，但若有人可以陪我去的話，我會心安許多。為了再次見到童年時的自己，以及激勵即將三十歲的自己，所以才把您也牽扯進來，委託您作陪。

我接下了某個委託：「希望閒人出租能陪我重返童年故居。」委託人起初很愉快地向我做了充滿濃厚主觀色彩的導覽，像是「這家牙醫比較親切」、「弄七五三節❼造型久到不行的理髮店，居然還在呢」、「第一次幫忙跑腿時，發現媽媽偷偷跟在我身後」等。然而抵達舊居時，已經完全看不出昔日風貌，他頓時無言以對。在接下來的過程中，委託人不停喃喃自語著：「幸好沒拜託朋友陪我來，果然是對的……」

委託人好像無法用言語來形容內心的五味雜陳，所以也不曉得該對朋友做出何種反應吧。如果他跟擺明「什麼都不做」的人同行，就算沒反應也能被默許，這時就不用特地去顧慮別人的心情。

❼日本的傳統活動之一。每年十一月，有三歲女孩、五歲男孩和七歲女孩的家庭，為祈願孩子健康成長而到神社或寺廟進行參拜。因對象是三歲、五歲和七歲的兒童，所以稱為「七五三節」。

我在第一章提過，「閒人出租」具有催化劑的功效，也就是有些事雖然可以自己獨立完成，但如果有人在場，能進一步強化或加速發展。就連原本理應拜託親屬去做的事，也成為了我的委託範圍。

✉ 請問您十月二十八日有空嗎？

那天我會參加橫濱馬拉松，但是這三個月以來，由於搬家和人事異動，只好以適應職場為優先，根本無法做訓練。我懷疑自己是否能在限制時間內跑完全程，但如果非常想見到的閒人出租先生願意在終點等我，我應該會湧現幹勁。馬拉松的結束時間是下午三點，可以請您於兩點半到三點半時，到終點

PACIFICO 橫濱等我嗎？

根據訊息內容，委託人以前幾乎每天都會練習跑馬拉松，但最近為了適應職場環境而疏於練習，因此希望我站在終點等他，一來是想消除自己無法跑完全程的不安感，二來想提高跑到終點的動機。

但不巧的是，當天該時段也有別的委託進來，因此我頂多只能待三十分鐘，也就是兩點半到三點。我事先告知委託人這個情況後，才接下了這份委託。該說這招是誤打誤撞奏效嗎？由於與我見面的時間只有三十分鐘，讓委託人加倍燃起鬥志，最後委託人成功地在限制時間內跑完全程，獲得了馬拉松的完賽獎牌。

除此之外，儘管他搖搖晃晃的抵達終點，卻還是當場給了我車資。換言之，他拿著我的車資跑完四二．一九五公里，我不禁非常感動。實際上他並非是握著車資在跑步，而是用像是密封袋的東西收在腰包內，由於他說零錢既重又會發出聲響，未免自己分心所以只放了鈔票，導致金額多過於原定車資。

他事後還發來向我感謝的私訊。

✉ 雖然疏於鍛鍊，最後只是勉強趕上限制時間，但我是因為想將車資親手交給想見的人，才能抵達終點，謝謝您！您給我的感覺，很像送紅包給在推特上認識，很想見上一面的人，謝謝。事實上，我這次做賽前準備時，最先放入腰包的就是車資。

這位委託人為什麼會希望「閒人出租」站在終點呢？也許是如此雞毛蒜皮的小事，一時間找不到能拜託的對象吧。可能他也擔心假如是拜託親近的人，會讓自己心生鬆懈，感覺就算失敗，只要事後跟對方說一句：「哎呀，抱歉抱歉，我果然無法跑完全程」就好了。不過，這終究只是我的個人臆測。

附帶一提，這個委託還有後續發展，而且是完全超乎想像的意外連結。來龍去脈如下：在橫濱馬拉松的隔天下午五點，我去一間叫「迷家」的主題酒吧擔任一日店長，想當然爾是因為對方委託我。（而且最靠近那間酒吧的車站名稱，恰好就是我當上班族時的主管姓名。當時那位主管動不動就批評我「搞不清楚你還有沒有在呼吸」、「真不曉得你為何會在這裡」，還把我的職位形容成「經常只剩下空氣」，所以每當我看到他，都有種呼吸不過來的感覺。不過在此先暫且不提。）

結果那位參加橫濱馬拉松的委託人，居然跑來那家酒吧，說自己湊巧在附近就順路過來。由於這位委託人是福島人，所以聊天時提到煮芋頭鍋，酒吧的工作人員就提議：「那下次請你擔任一日店長，主題就是芋頭鍋吧。」結果芋頭鍋主題吧盛況空前，聽說很快就決定舉辦第二次，只能說真是世事難測。

我猜想那位請我站在橫濱馬拉松終點的委託人，之所以會排除親朋好友而選擇「閒人出租」，是因為怕自己會有鬆懈心態。但另一方面，也有委託人會在訊息中直接寫明委託原因。

【委託內容】共進午餐與陪同提交離婚協議書，還有在等待及移動中擔任談話對象（簡單應答即可）。

【委託原因】覺得獨自一人提離婚登記申請書很寂寞，因此希望有人在場陪伴，同時也希望於未來回想起這一天時，能留下像是「對了，那天有個陌生人陪我」這種有點特別的回憶。

這位委託人會拜託「陌生人」陪同的原因，是因為「想要在特定的日子留下有點特別的回憶」。

於是我依照委託內容，在提交離婚登記申請書前，先去委託人指定的餐廳與她碰面並共進午餐。她說自己曾跟（即將提交離婚登記申請書上的）前夫來過這間店，還說她會選擇這裡，是因為內心突然冒出「機會難得，去吃頓美食吧」的想法，並非是刻意的安排。如今回想起來，委託人嚐了一口料理，喟嘆的那句「真好吃……」中，似乎蘊含一種莫名的情感。

享用午餐後，我們前往戶政事務所。在委託人跟窗口辦理相關手續的這段期間，我就坐在距離窗口最近的椅子上旁觀著這一切。委託人在資料順利提交完畢後，對我說：「結束，沒事了。」

在戶政事務所送我回車站的路上，委託人得知我已婚有妻兒後，便傳授了我辦理離婚手續的技巧（我想她並沒有惡意），例如只要離婚證明書申請核發下來，恢復舊姓後去銀行辦理更名會更容易等等（雖然我離婚也不用更名）。她跟我分享了各種有用的資訊，讓我聽得津津有味。當她拿離婚證明書的正本給我看時，我甚至還用興高采烈的態度說：「喔，原來長這樣啊！」

我想委託人是希望在提交離婚申請書的儀式中，留下有點特別的回憶，因此她才會選「鬧人出租」做為陪同者，但她為什麼會想留下有點特別的回憶呢？理由之一是她很不甘願要獨自面對這件麻煩事。聽說她的前夫人在遠方，所以只能拜託委託人遞交資料。總之，從辦理離婚手續到提交相關資料，委託人都被迫獨自承受這一切，對於獨自處理這些讓人心情沉重的事，更是感到難以忍受。

另一個理由則是心情太過沉重時，實在提不起勁獨自去做，覺得自己會心不甘情不願地拖到戶政事務所關門前最後一刻過去，卻又不希望變得很匆忙。因此跟人約好下午早點去提交，感覺才能從容不迫。

我在餐廳門口碰見委託人時，她是這麼跟我打招呼的：「初次見面，我是○○（夫姓）。」然後再拜託我：「等離婚登記申請書提交完畢後，可以請你最後對我說：『□□（舊姓）小姐，辛苦了』嗎？」於是最後我照她吩咐的方式跟她道別，這次委託讓我彷彿參與了他人的人生分水嶺，感覺非常有趣。

✉ 希望你能陪我送還已搬走的同居對象的私人物品。
（閒人出租先生不用幫我拿）

這則委託與「陪同提交離婚登記申請書」有點類似。委託人同樣是女性，動機也雷同。簡單來說，分手對象的私人物品仍留在自己屋內，讓委託人感覺很差。雖然她想積極處理掉，卻又不甘心花很大力氣去丟棄，故意送還給對方又感到意興闌珊，所以她想跟人約好一起去，自己才會有動力去做。我認為是很理想的委託理由。

我跟委託人約好早上九點左右，在離她前男友家最近的車站碰面。雖然她雙手提著略大的紙袋，但她清一色挑選了扔起來很麻煩的東西。具體而言，是像餐具等很難垃圾分類的物品。因為委託人不想也不甘願去費工夫調查那些物品究竟是可燃、不可燃還是資源回收。那份理智的態度使人心生好感。

抵達她前男友家後，我站在略遠的位置等待委託人回來。然而她卻比我想像中的還早結束，似乎非常速戰速決。想必她有事前聯絡前男友，告知自己今天要送還私人物品吧。在那之後，我跟她去咖啡廳點了早餐套餐。接下來好一陣子，我都在聆聽關於她與前男友的分手原因，以及數落前男友有多渣，然後才解散。

後來那位委託人傳了一封私訊給我：

✉
今天謝謝你！
剛才我索性去了前男友常去的那家咖啡廳，果不其然那傢伙也在，我已能若無其事的跟他一起喝茶，並且閒話家常了。
原本分手後根本不敢接近那家店的我，感覺好像能走上生活的常軌了（雖然那間店的人似乎還沒察覺到我們分手了）。
這一切都得歸功於閒人出租！你是將我的沮喪轉變為愉悅的契機。ε(´∀`)з

得知她的心情似乎有好點，分手後遺症也自然而然消失真是再好不過。雖然我實際上什麼都沒做，卻感覺自己成為了很好的觸媒，心情也豁然開朗。
雖然將理應由親近對象擔任的角色，委派陌生人去做的理由千奇百怪，但是被委託方能做的恐怕也只是旁觀，換言之就是一窺各種人生劇場。儘管我完成了無數個委託，也無法記住每一個案例的具體內容，不過像是沉重、懊悔等心境容易讓我留下深刻的印象，甚至對於很多事情都感到見怪不怪，感想只剩「原來還有這種事啊」、「還可以將丟起來麻煩的物品直接送還給本人啊」等。

✉ 我在東京有件訴訟案要開庭，希望請您坐在旁聽席上旁聽，待庭審結束後，陪我去家庭餐廳吃飯舒緩心情（我認為氣氛不會很凝重，只是稍作休息、轉換心情而已）。

如前所述，有位民事官司的被告人委託我坐在旁聽席。但正確來說，坐在旁聽席只是其次，委託人主要是希望我能在庭審結束後，擔任陪伴自己稍作休息的人。總之，以被告身份出庭的委託人壓力很大，結束後想必會筋疲力盡，所以希望能跟在場旁聽的人聊聊天。

委託人是女性。若她所言屬實，那她才是遭到不合理對待的那一方，也就是說，她才是受害者。在此簡單交待事情經過：委託人被同公司的主管多次性騷擾，她忍無可忍後，於是用郵件將性騷擾的事實發給整間公司的人，結果被反控「將不實郵件發給全公司的人，使不特定多數人看到，已構成妨害名譽罪」。此外，身為加害人的主管還供稱自己的行為並非性騷擾，而是有徵詢本人同意，且對方主動勾引他的正常追求行為。至少在現場旁聽的我，覺得他的供詞根本是胡說八道。

委託人被迫在法庭上與加害人對簿公堂，但她早就知道庭審的過程，會讓自己遭遇到的屈辱又被血淋淋地挖出來，所以她找上「閒人出租」，希望能在庭審過後有人陪她舒緩心情。

不過，那位處境堪憐的委託人也說，自己很早以前就在關注「閒人出租」的活動，其實也一直在找尋委託的機會，因此認為這次的事件應該會成功租借到我。果不其然，委託人在庭審過程中顯得很難受，但是在庭審結束後，我們順路來到一間家庭餐廳，她問我：「你曾接過去法院旁聽的委託嗎？」當她聽到我說這是頭一次後，先是喊了聲：「很好！」又比了一個YA的手勢。

我們在那間家庭餐廳中都在聊些消愁解悶的話題，隻字不提法庭上的事情。由於委託人的丈夫對於「閒人出租」也很感興趣，所以她還說：「希望你下次能聽聽看我老公的委託」。此外，她也要求我聊些至今接過最有趣的委託，於是我盡可能把自己記得的都告訴她，我想這才是正確的放鬆方法吧。

我把這趟去法院旁聽的委託寫成以下的推文，結果得到很熱烈的迴響。

> 我接下某個委託：「希望閒人出租能坐在法院旁聽自己的官司。」委託人是民事訴訟的被告方，被控告的罪名是妨害名譽罪（根本就是胡說八道）。與其說她希望我能緩解自己面對一審的不安，不如說她想在庭審結束後，請我擔任她稍作休息時的談話對象。看到委託人傳私訊說：「在等候室意外撞見原告」，我的內心忍不住充滿期待。

當時的情況是，委託人私訊跟我說：「我打官司的對象就在我的眼前」。

一如推文所說，委託人在等候室玩手機等候開庭，於是我也跟著玩起手機，結果就收到她傳來的私訊。畢竟我是第一次來法院，親臨充滿《王牌大律師》（*Legal High*）濃濃日劇感的法庭現場，也讓我覺得很好玩。

順道一提，我第二章曾提過自己始終戴著帽子，但委託人的律師提醒我得脫帽。究竟是坐在被告方旁聽席上的人不懂禮貌會對案情不利，還是脫帽是旁聽席的人該有的禮貌呢？無論如何，我有認真在反省。

然後在該則推文的廣大迴響中，有這麼一則回文：

> 這是我至今看過最驚訝和欽佩一個案例。雖然心知肚明這場官司是不合理的控告，但難免會有壓力。然而拜託親近的人陪伴自己也很痛苦。講的直接點，找個不必承擔任何責任的陌生人才是最好的選擇。

雖然我是不假思索地接下這個委託，但這則回覆做為委託人選擇「陌生人」而非「親近的人」陪伴的理由相當具有說服力，所以請容許我直接引用。

相信大家經常在電影和電視劇中，看到親朋好友站在新幹線的月臺上，目送主角踏上旅程的場面。也有委託人想體驗這種滋味，所以來訊委託。

閒人出租先生，初次來信！九月三號你有空嗎？我即將離開居住十年的東京，搬回大阪的住處。如果你有空，我想租借您扮演「目送我離去的朋友」，就像這張照片一樣。為了營造氣氛，希望你陪我從住處一起到東京車站，最後站在新幹線的月臺上目送我離開。

委託人還在私訊內附上一張該場景的示意圖。

委託人認為若是拜託真正的朋友，嚴肅認真的氣氛會讓自己產生太多感慨，話雖如此，也無法拜託完全的陌生人，所以才會臨時拜託我。雖然我也脫離不了陌生人的身分，但我們好歹彼此傳過私訊，倒也不是素昧平生（但實際見面前我也不曉得他的長相）。我猜委託人的動機是希望體驗那種情境看看，並非是正經八百的送行。而且值得慶幸的是，委託人是「閒人出租」的粉絲，也是積極跟隨我的推文的追蹤者，因此他多少也抱有「想在離開東京前見我一面」的想法。

我本身沒有交情好到能做這種事情的朋友，所以是難得可貴的經驗，儘管我只陪同委託人從搬離的屋子到東京車站，但我目送他離去的那份依依不捨，並不是演技。自稱是我粉絲的委託人，也等同於我的理解者，我倆也相談甚歡，所以我是衷心格外感到依依不捨。而且我先以「閒人出租」的身分登門拜訪委託人已搬離且空無一物的屋子時，那幅景象非常跳脫現實。

委託人事後也私訊向我道謝，看來「閒人出租」讓他在東京的最後一天，留下了不錯的回憶。

獨自搬家雖然徬徨不安，卻又不希望朋友送行讓自己感慨萬千，所以才預約閒人出租，結果比想像中的還要開心！超滿足！有種即將展開未來旅程的感覺，內心雀躍不已～

雖然熱愛自由的我總是獨自行動，但您的陪伴讓我感到很安心。明明離開了住了十年的地方，但有個陌生人目送我離去卻讓我很開心，沒有奇怪的落寞感真是再好不過了～看來拜託您是對的！

其實這份委託還有後續發展。我透過推特得知那位委託人（由於太繞口，以下簡稱「A先生」）搬回大阪開店。由於我湊巧要去大阪辦事，所以沒有事先通知就造訪他的店。然而那天店正好沒開，所以並沒有見到A先生。

就在我思索著難得過來一趟，是否要留下到此一遊的證據時，突然想起有人發來以下委託：

✉ 您好，不好意思突然聯絡您。

我住在澳洲的塔斯馬尼亞州，但最近不知為何非常倒霉，甚至到了生怕自己會意外身亡的程度，剛開始是遺失手機、信用卡被盜刷，開車時袋鼠突然衝出來，結果我的引擎蓋和擋風玻璃壞掉（袋鼠平安無事），幾天前也為了閃避從行駛中的卡車掉下來的鐵鏟，車子失控翻覆引發重大事故（車子也因此報廢），還有其他瑣碎的哀事等等……我很怕短期內再次遭遇重大事故。

簡而言之，霉運不斷的委託人很怕自己會發生攸關性命的事情，因此想拜託我在經過神社時，對著神明內心默念：「偶爾也保佑一下住在澳洲的日本人」。於是我在大阪A先生店家附近的神社完成了這份委託，而且還在那家神社前拍照上傳至推特。A先生透過那則推文間接得知此事，也發了一則為此欣喜的推文（雖然也是間接）。之後，A先生要來東京辦事，於是他再次利用了「閒人出租」的服務。換言之就是成為了回頭客。

至於我跟那位A先生，目前究竟是何種關係呢？我們會重複見面並愉快地聊天，似乎不能算是「毫無關係的陌生人」；話雖如此，我們也未必稱得上是「朋友」。

我想這種無法明確定義的模糊關係，在各方面來說才是最方便的吧。用「各方面」來形容似乎太過籠統，感覺大致是「彼此之間不會衍生多餘的顧慮和期待」。

如果進一步縮短距離會怎麼樣？

試想一下，縮短心理距離，也意味著關係會跟著產生變化。我認為就算有明確定義的人際關係，也未必能安心下來，無論是朋友、戀人還是夫妻都是如此。可是另一方面，一旦關係趨於穩固，隨之而來的就是窒息感，像是「因為是朋友，所以得聽對方的煩惱並給予建議」。關係一旦被定義後，身上就得背負著相應的期待。假如A先生跟我是「朋友」關係，萬一今後彼此毫無聯絡，內心難免會感到過意不去吧。但如果不是「朋友」，就用不著在意這些。

雖然「閒人出租」的身份，讓我跟他人的關係多少有點特殊，但現代人透過社交平臺等管道，卻能認識許多從未見過面的網友。雖然網友離普通朋友的階段還有段距離，但雙方卻能在見面前就擁有共通的話題。只要有推特和Instagram，便會衍生出一種名為「追蹤者」的人際關係，彼此不知道對方的本名也不足為奇。

也許用舊社群思維的角度看待這個現象，會覺得很異常，但這種既非「朋友」也不是「陌生人」的奇妙關係，卻能免除固定人際關係中避免不掉的麻煩事，並恰如其分地緩和內心的孤獨感，讓人感到舒適自在。至於像「追蹤者」的數字，以好的層面來看，也是一種赤裸裸地展現人際關係的方式。

此外，定義人際關係也代表著要做出區分，也就是將界線明確化，就這層意義上，如果「陌生人」跟「朋友」之間有塊模糊的灰色地帶，也許「閒人出租」就是位在此處的曖昧存在吧。具體而言，我會被放在何種位置，端看委託人的需求而定，也就是完全取決於對方。所以我不會主動做任何事情，也不會主動踏入對方的領域。

CHAPTER

4

不受金錢束縛

正因不收費，所以可以隨心所欲

昨天在大井賽馬場有人請我賽馬券和啤酒。在最後一場，我只下注一百圓押單四馬（單押陪同的賽馬新聞編輯最先講出來的數字），居然真的押中了，得到三十分鐘內賭注翻了十倍的體驗。不過我很快就陷入「當初押一千圓的話」、「當初押一萬圓的話」的毀滅性思考中，看來我還是不適合賭馬。

剛開始從事「閒人出租」這項服務時，我最常被問到以下兩個問題：

「你怎麼維持生計？（你的收入來源是？）」

「為什麼不收取任何費用？」

人生在世，免除不了花錢，除非本身是資本家或大財主，不然都得持續設法賺錢。

提供一項服務時，往往也得決定好費用。如果沒有像是廣告費之類的額外收入來源，大部分的服務方都會採取使用者付費的模式。我也曾想過仿照既有租借服務，向委託人收取時薪或是日薪的租借費，但我提供的服務很難估算出合理價格，再者我也嫌麻煩，所以最後決定不收費。

為了維持生計，必須設定費用以獲得收入，就能夠回答前述兩個問題。但我想一旦採取使用者付費，我與委託人的關係就會變成收取金錢的互動，雙方的關係很可能會點到為止，也無法有更多的可能性。當委託人跟收入來源劃上等號，「閒人出租」的趣味性似乎也會大打折扣。

除了價值以外，我也希望自己具有和其他人創造連結的可能性。

但我實際展開服務後，發現有不少委託人，會絞盡腦汁地想些具有獨特價值的委託，來彌補沒有支付的費用，以及免費佔用的時間。這種可以發揮委託人創意的做法，也算是我的報酬之一吧。

若是這項服務得收費，情況又會如何呢？依照現代人的個性，想必許多人就會開始向我索求和支付金額等值的回報。換言之，會試圖想回本吧。

說金錢和人際關係之間存在著取捨得失，似乎略顯誇大，但本章將試著探討金錢和物質之間難以言喻的關聯性。

關於我從事的活動，如同我在開頭提到的，我面臨的問題是：「我如何取得收入來延續這項服務？」

這個問題除了攸關生計之外，也跟以下價值觀：「我們習慣用金錢購買無形之物」密切相關，這也是大家會問最開始那兩個問題的原因。

在閒人出租中，「無形之物」指的就是人際關係，我填補了跟委託人有密切關係的位置，理應提供的一人份存在。一般來說，請陌生人代勞的行為會產生費用，而「代勞者是陌生人」的條件，會深深影響產生費用的背景。這又不禁讓我思考，就算代勞者是親朋好友，難道就不用花錢嗎？關於這點，我想在本章後半段深入探討。

如前所述，我曾想過要收取租借費，但我很快就打消了這個念頭，也沒有實際評估過，就連像「一小時一千日圓」之類的具體數字都沒想過，幾乎是瞬間放棄。

我本來就很不欣賞「時薪制」的概念，講得直白些，我很討厭以時間換取金錢的感覺，自己彷彿像個奴隸。相較之下，靠自己的努力完成規定條件，用成果收取相應的費用，亦即「業績獎金」式的賺錢方法，比較合我胃口。

雖然我曾想過替每件委託設定費用，但我既無收費標準，也沒有行情價可依循，所以很快就放棄這個念頭。設定費用代表必須針對某事物的成本進行報價，「金錢」是做為提供商品及服務的回報，所以才能用來換取物品和勞務，當買賣雙方同意一個適當的合理價格，交易才會成立。而且，每份委託的內容及租用時間都不同，假設我設定每份委託收取五千日圓，委託人很可能會試圖撈回本，例如：「只租三十分鐘，也是要付五千日圓，有點浪費，不如請他陪我三小時吧。」若是如此，速戰速決對我反而比較有利，加上這樣也會讓委託人跟我都陷入斤斤計較、有意無意地流露出圖利氣息的局面，光用想的就覺得很難受。

儘管金錢的介入，會讓交易變得簡單易懂，但「什麼都不做」本來就很難估算出有多少價值。如果被金錢牽著走，似乎會偏離原本的重點。於是我先排除金錢的存在，做出「免費提供」較為妥當的結論。

既然是免費服務，我也可以大搖大擺的「什麼都不做」，委託方也會基於反正免錢的想法，不會對我有太多要求吧。哪怕只跟委託人收一千日圓，對方也可能會有「花錢就是老大」的心態。

畢竟我突發奇想的「鬧人出租」，這項服務在當時還算是比較新穎的嘗試，對於付諸實行的程度難免也會不安。既然我什麼都不做，不用付錢似乎也很正常，所以我也不好意思厚著臉皮跟委託人收費。相反地，收費好像也會提高「什麼都不做」的難度，所以我乾脆不設定租借費。

由於在製作本書時，必須處理關於「金錢」的議題，所以我才會以自己的方式重新釐清思緒，回答出上述的內容。說真的，其實我並沒有想這麼多，當時滿腦子都是「來做點有趣的事」的簡單欲望。

總之，我當時多少有點積蓄，所以想靠這筆錢做「什麼都不做」的工作，像是用存款去國外旅行的感覺，接近玩票性質的心態。我以前也曾用推文回答過追蹤者提出的疑問。

✉ 我很在意您是如何維持生計，以及您的生財之道。如果造成您的不悅，先行致歉，請無視這封訊息。

✎ 我目前是靠存款生活。與其說這項活動是商業操作，更像是我覺得有趣才做（用存款去國外旅行的感覺）。或許這樣比喻會比較淺顯易懂。

其實，我也考慮過收取車資的事。不收取車資，假如遇到美國或歐洲的委託，我的存款轉眼間就會見底。如果這個嘗試由於別的因素而短命告終，那絕非我的本意，所以我決定收取車資。

我也思考過讓「閒人出租」採取免費制，而是另外募集贊助者的做法。如果有人願意當我的贊助者（仿效這項服務的範本「被請客專家」的方法），提供不限金錢的贊助，我會把該人的帳號刊登在推特個人資料欄內一段期間。然而這種做法也不妥當。

實際上，想成為贊助者的人，向我提出了各式各樣的贊助品，使我面臨到必須從中選擇出一個的局面，結果造成我莫大的壓力。光是想到這種情況會一直持續下去，我就不由得心生恐懼。

雖然我曾想過，請贊助者只贊助金錢就能夠解決，但我也無法從好幾位候補者中，選出一位做為贊助者。而且我早就強調自己「什麼都不做」，如今卻為了錢替贊助者做牛做馬，這樣很明顯違反了我「什麼都不做」的原則。

但如果突然冒出一位有錢人，主動表明願意當我的贊助人，我終究還是會答應就是了。

我並非秉持行善的心態提供這項服務，所以不是在做義工。如果有人願意給我錢，我也會毫不猶豫地收下，甚至還暗自希望哪天會有某個富豪願意無條件贊助我鉅資。

在此希望大家不要誤會，儘管我是提供免費服務，但絲毫沒有做義工的打算。事實上，我也曾發過上則推文來澄清大家的誤會。

我毫無貶低或否定義工活動者的意思，但我認為「慈善義工」這個稱呼，會讓別人期待我展現高度的善意，也會給我很大的壓力。假如強調自己是做慈善義工，用推文報告委託內容和說明原委時，感覺必須正經八百，還得背負讓每則委託成為佳話的義務感，不是嗎？

為了排除別人這方面的期待，只要看到有推文說「閒人出租」是在做慈善義工，我都會主動回文並加以否定。

更精確地說，我在竭力避免自己被視為行善之人。因為我的本意並非行善，也不想背負這份期待，所以每當催淚和溫馨類的推文變多（以結果論，偏向這類型的委託報告），我就會心想：「慘了，這下子會被當作在行善」，所以會刻意發點負面或是彰顯惡意的推文來平衡一下，像是下則貼文。

儘管我半放棄地自覺報價果然還是應該由服務提供方去做，但是當被問到車資是多少時，還是忍不住會覺得：「你去查一下不就知道了？」

我在推特個人資料中，有註明自己位在「國分寺車站」，所以請自行調查計算車資。

其實，我刻意彰顯自己心胸狹隘，多少也懷有更貼近「閒人出租」主要客層及潛在客層的意圖在。萬一別人對我懷抱「這個人好像是個大好人」和「租借這個人肯定會超有趣」等期待，肯定會委託我服務範圍以外的事，這樣就麻煩了。

我會盡量避免辜負委託人的期待，畢竟不符合委託人期待，也會帶給我壓力。雖然這跟前述說法有點矛盾，但當有人發表感想說閒人出租的服務不值得期待、感覺很失望時，我也會很懊惱。既然如此，不如事先降低大家對我的期待。如果委託人不抱任何期待，想必也不會太失望吧。

雖然服務本身免費，但是我獲得的卻是心靈酬勞。所謂的「心靈酬勞」分成兩種，其一是我在第一章提過的，我是借由委託人的力量，被動享受著變化和刺激。其二就是如果在出租過程中遇到什麼好玩的事，我就會開心想著：「太好了，可以寫在推特上」。

如果硬要二擇一，後者對我來說更有值回票價的感覺。假設我收取了租借費，就算替委託人匿名，也不方便將委託內容更新在推特上。發推文時也會覺得既然都收錢了，拿別人的事情來開玩笑不太好，搞不好還會因此默默踩煞車吧。反過來說，無償提供服務的我，才能用強勢、隨心所欲和不帶情感的筆法來寫推文。就結果來說，確實也是如此。

不曉得是否因為免費服務的關係，我很常接到內容獨特或是別出心裁的委託，彷彿委託方存著不讓「閒人出租」感到無聊的企圖。

像是「扮演女大學生過一天」的委託就是如此。雖然委託內容完全超乎我的想像，但揣摩著從偏鄉上東京讀書的女大學生的心情，走在澀谷街上很愉快。在某種意義上來說，這也稱得上是酬勞吧。

從委託者的推文來看，她好像也樂在其中，所以在此直接引用：

昨天我租借了「閒人出租」。委託內容是「請成為另一個我」。因為我實在太過忙碌，所以我請他扮演另一個自己，結果「另一個我」代替自己去了先前很想去的西山咖啡廳吃布丁，讓我感到心滿意足。「另一個我」不僅替我買下一直想買的書，居然還有伴手禮，真是個大好人。我拜託他把今天一整天的動態拍照傳給我，他拍了一間想推薦我去的咖啡廳，所以我下次會去看看。他甚至還去了LOFT[8]，似乎對於扮演一日女大生也樂在其中。

到了傍晚，他在池袋跟我見面，回報一天的情況。由於雙方都是喜歡專心吃飯的類型，雖然聊天時，我感覺自己跟閒人出租先生有一些代溝，但還是度過了很愉快的時光，最後「真正的我」獻花給他——其實這也是其中一件我想做的事。

我偶然買到的滿天星，花語是正「感謝」，真是再適合不過了，感謝你昨天的幫忙。

在此修正，該則推文內的「西山咖啡廳」正確的店名是「西山咖啡屋」。

第三章曾提到的委託「去新幹線月臺送行」，或許也可以歸類為別出心裁的委託吧。每次看到這類五花八門的委託，我都會心想：委託人們是利用「閒

---

❽日本大型連鎖生活雜貨店。

人出租」隨興出題，跟我進行大喜利式的搞笑吧？

另一方面，我也很想對委託人說，不用對想出大喜利式搞笑的委託太過認真。儘管我很感謝委託人為此腦力激盪，但太過費盡心思打造有趣的委託，結果肯定會事與願違。由於我是大喜利式搞笑的愛好者，所以曾有過類似的經驗。實際上，我會拒絕過於處心積慮反而顯得無趣的委託，例如曾有Youtuber興沖沖地向我提出合作企劃，我多半都是拒絕，因為很有可能會弄巧成拙。捲入這種局面，對雙方來說都是種折磨吧。我曾在第二章提過，自己會憑藉「生理反應」去逃避「辦不到」和「不想做」的事。同理可證，面對直覺告訴我會弄巧成拙的委託，我也只能謝絕。

對我來說，委託人無意間在日常生活中遇到能利用這項服務的情境，才是最自然理想的狀態。換言之，我追求的是平淡無奇、不用絞盡腦汁的委託。委託人在非預期狀況下產生的需求，多半都是合情合理的有趣委託。

我會這樣想是有理由的。我充分感受到「閒人出租」受到廣大委託人和追蹤者的支持。雖然有人支持「什麼都不做」也讓人相當匪夷所思，但我在發現有人靜靜等待能提出有趣委託的機會時，才會實際感受到有人在支持這項活動。所以當我遇到只是發訊過來說：「這個活動很有趣，我會支持你！」的人，我不免厭煩地在內心咂舌著：「什麼啊，刻意傳私訊過來卻不委託我啊。」

有些委託人在事後得知我尚未承接過相同的委託時，便會在無意間流露出「太好了，自己的委託很有趣」的感覺，並且對我更積極報告事情的來龍去脈，同時一廂情願地認為這是支持我的行為。

相反地，拜託我別把委託的內容和成果公開在推特上的委託人，其實也不在少數，但這類委託多半是委託人請我分擔長年煩惱的嚴肅委託，所以不公開也好。

提到閒人出租，大家都很關心收入問題，使我深刻感受到每個人都受到金錢的束縛，對於賺錢興致勃勃。雖然這好像也是人之常情。

前陣子第一次委託您時，雖然明明知道免費，卻還是會在意呢。感覺像是只用一杯咖啡，就佔用你這麼長的時間真的好嗎？

我偶爾也會接到手頭顯然不太寬裕的人發來的委託。

我在開啟這項服務沒多久，遇過從言談中就能深切感受到阮囊羞澀的委託人，事後委託人想拿車資給我的時候，我還忍不住說了：「不用勉強給也沒關係。」跟手頭拮据的人拿取費用，反而會給我帶來壓力，但由於委託人堅持「別這麼說，該付的我還是想付」，所以我還是收了（但事後發現他只給我單趟車資）。

那位委託人還是學生，想當然爾沒什麼錢。我現在還是常常接到難以索取費用的委託，但我還是任性地希望自己能毫不客氣地收取車資，因此我會透過私訊內容，事前剔除手頭很拮据的委託人，像是問這類問題：「請問車資是單趟還是來回？」（想也知道是來回！）只要察覺委託人是心不甘情不願的付錢，我就會興致缺缺。每當這種時候，我都會覺得自己果然毫無義工精神。

我所接過的委託中，目前交通費最高的是從日本羽田機場搭乘普通航空（而非廉價航空）到福岡，來回機票總計五千日圓。雖然無法公開委託內容，但是對委託人而言是極為重要的案件，他應該認為我的服務值得支付這樣的金額吧。

儘管「閒人出租」是免費服務，但我感覺的出來，住家距離國分寺越遠的人，會更慎重衡量委託內容，以及把我叫到所在地花費的車資。

還有像是「擔任一日酒吧店長」類型的委託，是希望我去某處替哪間店做宣傳，但其中也有些委託人純粹是想拿我當活招牌，因此他們找來還算有名的「閒人出租」，期待可以發揮攬客效果。

站在我的立場，難免會覺得「如果請我擔任店長，結果沒客人來該怎麼辦」、「萬一毫無攬客效果實在很不好意思」，所以我會跟委託人醜話說在前頭：「畢竟有人需要我的時候我就會出現，所以沒人會專程為我跑過來喔！」

我還發過一則關於交通費的推文。

如果有人願意負擔交通費，要我去國外也沒問題，但承接與否端看委託內容。我接到最遠的委託地點是位於加勒比海地區的千里達及托巴哥（那是陪同旅行的委託，但由於當地治安堪憂最終婉拒）；至於實際去過最遠的委託地點，則是福岡。

去千里達及托巴哥的委託，是委託人主動傳訊說：「我想邀朋友去國外旅遊，結果沒人願意陪我去」。我想他的朋友，八成也是基於相同的理由拒絕他吧。我特別重視安全的環境，畢竟我弱不禁風，要是有個什麼萬一，肯定很快就一命嗚呼吧。

不久前有委託人說：「要培養出能隨興聊天，或是彼此無言以對也沒差的關係，需要耗費多年的時間跟金錢。但是只要請閒人出租，就可以省掉那些努力，我現在覺得自己相當奢侈呢。」這段話使我察覺到，原來「閒人出租」的服務還有節省成本的效果。

本章的開頭就提到，像是朋友、情人、家人等關係密切者的陪伴，同樣也會產生成本。但說真的，我從未深入思考過「閒人出租」具有省成本效果的特性。我認為閒人出租頂多是「用低廉的價格租借懂得保持適當距離的人」的服務，但壓根沒想過拿「閒人出租」跟「友誼成本」做比較，因為我覺得「閒人出租」跟朋友是截然不同的存在。儘管如此，那位委託人卻將我視為老友般的角色，讓我覺得很新鮮。原來在委託人眼中，「閒人出租」也可以當成推心置腹的關係啊。

當時的委託內容是陪同購物，可是當天我卻有點小遲到，抵達現場時，委託人已經買得差不多了，所以在那之後，我就陪他去咖啡廳吃甜點。雖然委託人不至於肆無忌憚地拉著我到處跑，但過程中我完全配合委託人的想法，也許這點很有跟老友出遊的感覺吧。

不過，我對於委託人卻沒有推心置腹的感覺。倒不是我不喜歡這種關係，而是我單純遵照委託的內容，什麼都不做也什麼都沒想。

繼續延伸「省成本」的話題，那位委託人認為「朋友」之間要培養如此穩固的關係，需要耗費多年的時間跟金錢，而閒人出租的優點就是可以「省成本」。所謂的成本，包括時間、精神、金錢等方面。換言之，無論是培養或是維持友誼，都需要耗費這些成本。至於免費的「閒人出租」服務，別說是金錢，連在其他方面的性價比都很高。坦白說，這額外衍生的附加價值讓我感到很新鮮。

我原本搞不清楚「朋友」和「友誼」的定義，雖然定義也是因人而異，可是面對與朋友相關的行動和情況，自己掏腰包付錢的情景，像是跟朋友出去喝酒後平攤酒錢，在腦海中揮之不去。或許用「等價交換」來形容有點誇張，但我認為朋友是花錢的存在。出去跟朋友吃飯、喝酒、玩樂時，如果自己是一直被對方請客的那方，感覺很不夠朋友。因為跟對方付同樣的金額，彼此才是對等關係。簡而言之，就是希望能兩不相欠。

另一個例子是去朋友家打電動時，乍看感覺不花錢，但前往那位朋友家的過程，勢必會產生車資，而既然是登門造訪，也免不了買些甜點和果汁之類的零食，所以也算是「等價交換」。

雖然這種說法很小家子氣，但去別人家打電動，如果只去一次，彼此也稱不上是朋友。換句話說，想維繫長久的關係，就必須反覆上門拜訪，從這點來看，還得耗費時間成本。

此外，友誼也會衍生出有別於金錢成本的「付出和虧欠」。以過往經驗來看，我發現就算是借漫畫書這類小事，也會增加精神負擔。我還在當上班族時，會跟某位同事（關係接近朋友）互借漫畫，但老實說，我提不起勁去看別人推薦的漫畫。可是當對方開口說：「這部漫畫很有趣，所以借給你。」不好意思拒絕的我，也只能勉強借來看。傷腦筋的是，既然都借了，勢必得認真閱讀，還書時也得說出自己對漫畫的感想。既然對方都推薦給我了，會期待我的感想也很正常。遇到這種時候，即使我覺得那本漫畫很無趣，也得撒謊說有趣，就算要說出真正的感想，也得斟酌用字遣詞來說出評價，這樣也會造成我很大的壓力。

說得更具體點，我的壓力來自於「迎合對方」的精神負擔。如第一章所述，我自認不適合在固定社交圈內建立人際關係，不擅長迎合對方就佔了很大的因素。由於我無法很好的適應環境，所以精神負擔也超乎尋常的高吧。

為了避免增加精神負擔、打造不用迎合對方的交情，依舊得耗費相應的成本。也許得經歷吵架、戰戰兢兢地跟對方說：「我老早就想講了……」（當然這段過程也會不停耗費時間成本），最終方能打造出直說「你之前借我的那本漫畫好無聊」的交情。因此，那位委託人口中的「省掉努力」，的確可說是節省成本。

明明是「什麼都不做」的服務，卻出現了「彼此都不用做什麼」的效果。我對於委託人提出這種結論，感到十分耐人尋味。

其他委託人好像也有同感，在此分享我獲得超過四百個讚的推文當範例。

✉
【委託內容】請您跟我一起品嚐我的手作料理。
【委託地點】老家，我的房間，目前我跟父母、哥哥同住。
【委託時間】週末都可以，選閒人出租先生肚子餓的時段。
【委託原因】我渴望有人能品嚐自己的手藝，來滿足自己的認同需求，卻又怕請客久了，朋友會視之理所當然，所以想請閒人出租先生品嚐。也許「品嚐料理」跟您什麼都不做的原則有所衝突，但望您考慮。

無論是委託方還是被委託方，都在日常生活中承受著扮演既定角色帶來的各種瑣碎壓力，而且通常也沒有可以頂替自己的替身。

如果是陪同獨自工作或唸書的旁觀類委託，委託方多半都會準備漫畫之類的物品，以免我閒到發慌。我通常會看漫畫，但我也已事先聲明「什麼都不做」，所以委託人不會問我看完後的感想，我也不必發表感想。如果有必要，我不看漫畫只滑手機也無所謂。換句話說，我是處在「委託人自行準備漫畫，非我主動要求」的狀況，因此我絲毫不用擔心顧忌，更不會產生精神負擔，相當輕鬆愜意。

今天漫畫家長堀莊（長堀かおる）老師帶我去拉麵店，享用了美味的拉麵，然後再被帶回她的工作室，隨意看漫畫和回答她的問題。最後她吩咐我寫清楚作品名稱，好成為推特搜尋的關鍵字。

長堀老師的工作室中有很多當紅漫畫，去她家根本就是漫畫看到爽，把專業漫畫家的工作室當成漫畫王，這種反差感讓我興奮不已。基本上老師都在悶頭工作，但偶爾會喊著：「有人陪在旁邊真是太棒了！」或是喃喃自語地說：「這種像去國小同學家玩的感覺很好」、「真想大肆宣傳他人在場陪伴真的會讓人感到開心」、「恰到好處的存在感真的很棒」等。

儘管我什麼都沒做，但還是覺得太好了。

💬我秉持著希望有人來監督自己工作的想法，利用了閒人出租這項服務。結果一位纖瘦的好青年過來，在我身後靜靜閱讀漫畫，如果我跟他講話，他也會彬彬有禮的回應。我不知有多少次都在呢喃著：「恰如其分……真感謝啊……」托他的福，我火力全開的畫完了原稿！有閒人出租或是別人在房內，就會強迫自己工作這點真是太棒了。工作完畢後，我接著打掃了萬年鋪著不疊起來的被褥，以及毫無立足之地的工作室。

話雖如此，看到有家人以外的人，若無其事地在自己房間裡看著漫畫，還是很不可思議的光景。

先前我提過，互借漫畫的行為會帶給我壓力。那小時候跟朋友互借漫畫呢？我想應該不太會有壓力。因為對小朋友來說，漫畫是最重要的一項娛樂，能讀到沒看過，或是父母不願意買給自己的漫畫，是種天大的喜悅。同時我也覺得，人在童年時期最能發自真心享受友情。

就這層意義上來說，小孩跟大人在「朋友」和「友情」方面耗費的成本，或是感受到的壓力確實有差異。出社會的成年人，需要的「朋友」也趨於複雜，會把朋友細分為「酒友」、「電玩同好」、「演唱會同好」等。難道說大家需要的是不同用途的朋友，而非全能的朋友嗎？

恕我直言，「好配合自己的對象」絕對存在一定的需求。這一點在「閒人出租」委託內容中表露無遺，像「希望陪同去獨自不方便進去的店」、「陪同組隊參加遊戲大賽」、「陪同去偶像演唱會」等都是典型案例。

這類委託人與其說「缺乏能隨口邀約的朋友」，不如說「他們缺乏這方面的專用朋友」。又或者是把朋友拉進自己的興趣中，在某種意義上也會造成「付出和虧欠」，因此他們才會對此卻步。

上班族時期的我，曾經開始思考關於「切換上下班模式」和「工作生活平衡」的議題。當時周遭有不少人認為「多結交些好配合、好相處的朋友，把生活過的更充實」，在某種意義上是合理的想法，可是一想到自己也得加入這個體制，我就覺得痛苦。大家懷著想找「好配合的對象」跟「方便的朋友」的共識，但這份意圖也讓友情蒙上了童年時期所沒有的爾虞我詐。此外，我也無法融入其中，所以到頭來，同事完全不會私下約我出去。

同期進公司的同梯同事，也是相當麻煩的存在。由於是「同梯次」的關係，感情好像非得更好不可，半強迫性的參加各式同梯飲酒會。跟同年進公司的人發展出特殊的情誼，對於這點我一直很難適應。

儘管我對別人要求我扮演不同用途的朋友感到壓力很大，但我目前卻在「閒人出租」的服務中，扮演委託人需要的角色。這並不是自我矛盾。在此先澄清一點，對於先前提過的陪伴類委託，我絲毫不覺得討厭，反而感到樂在其中。因為委託者是真心誠意地來委託我。

反之，當我脫下「閒人出租」的身分，有人私下拜託我：「獨自不方便進去某間店，希望你陪我一起去。」我不禁會疑惑地想：「為什麼要找我？」難免懷疑對方另有目的或別有心機，但是委託「閒人出租」的人並不會如此。我明白委託人是單純為了達到目的，把我當成工具人，不帶任何情緒的使喚我，所以我很放心。

✉ 希望你陪我去二郎荻窪拉麵店吃拉麵。理由是我從未去過二郎系拉麵店，不曉得加免費配料時熟客才懂的暗語，加上隻身一人去殺氣騰騰的排隊名店內吃拉麵，不免讓人感到提心吊膽。

我接下某個委託：「希望閒人出租陪我去二郎拉麵店。」由於我半年前曾接過「當排隊時的聊天對象」的委託而去過那間店一次，非常了解初次造訪那種提心吊膽的感覺，所以承接了這份委託。我記得在閒人出租活動的首日，也有陪同去拉麵店的委託，在閒人出租剛好滿半年的今天，再次吃到了拉麵，令人感慨萬千。

接著，我想進一步探討：為什麼大家想去單獨一人不方便進去的店時，無法開口約朋友一起去呢？

雖然我在前面做出的結論是大家缺乏這種用途的朋友，但「不想欠人情債」這點，應該也佔了很大的因素。

在西國分寺經營「KURUMED COFFEE」影山知明先生，曾出了一本《快慢之間：從咖啡到客人都不耍手段的經濟學》（暫譯），書中提到了「贈與論」：平白無故接受他人贈與的受贈方，會加倍回贈對方。雖然這種禮尚往來的循環很容易建立，但遇到雙方付出價值相當，亦即清算後發現互不相欠時，關係就很難延續下去。

各位不覺得這也可以套用在友誼上嗎？

我認為不斷延續的友誼，是建立在雙方細算後發現「付出和虧欠」尚未了結的緣故。例如B始終在跟A訴說自身煩惱和抱怨，那B對A就有了「虧欠」。B為了償還（透過付出）對A的這份「虧欠」，回報的程度必須多過原本的虧欠程度。另一方面，對A來說，他收到了超過自己「付出」程度的回報時，只好再度對B「付出」來彌補其中的差距。但是，此刻的A也會比過去付出的更多……雙方就像這樣，透過「得到太多必須償還」的禮尚往來，達到維繫友誼的效果。

影山先生在書中將「自己得到較多」的感覺稱為「健康的負債感」，並表示這種感覺會讓雙方維繫長久的關係。

這句話相當耐人尋味。但我的情況是，在特定社交圈中存在的「健康的負債感」，會帶來很大的壓力。所以對我來說，這種情況反而有害身心健康。我會興起提供「閒人出租」服務的念頭，正是因為我自認什麼都辦不到，所以面對朋友的付出，我會不曉得該如何回報才好，加上精神上的虧欠，無法像金錢一樣數值化，付出方的估算也會跟虧欠方有所誤差。有句古代諺語是「恩將仇報」，但施恩的一方，有時也是秉持著「挾恩圖報」的意圖吧。

就算付出方和虧欠方的估算程度奇蹟性的吻合，但面臨回報程度必須高於虧欠程度的時候，又會出現難度。若換成是我，我深信就算自己想回報別人的付出，也肯定遠遠不及兩不相欠的程度。儘管想趕快清償，但「健康的欠債感」卻逐漸膨脹，隨之而來的不適感也越演越烈，最終讓「健康的欠債感」轉變為純粹的歉疚。

在當今世代（雖然用世代一詞有點誇張）有不少人對於懷抱「健康的負債感」而禮尚往來的行徑感到麻煩吧。提倡省去賀年卡、過年送禮、三節問候等流於形式的禮節，廢除虛禮的提議就是其一。我無意對熱衷送禮的人說三道四，卻也親眼看過對於花費許多心力來維繫關係而鬱悶不已的人。正因如此，少了付出和虧欠，甚至交通費和餐飲費等實際花費都能節省的「閒人出租」，才會產生市場需求。

雖然這是個人淺見，我認為讓人際關係無遠弗屆、難以跟過去相提並論的社群平臺，跟這份市場需求的崛起有關。換作以前，收發訊息僅限於彼此見面且一對一的人際關係，所以顧慮其中的「付出跟虧欠」就沒問題。到了現在，社群平臺讓人際關係「付出跟虧欠」的資訊明確浮上檯面，也有可能會不斷擴散開來。

接下來要談點沉重的話題。聽說交友軟體之所以會盛行，是因為很多人怕在自己的交友圈內物色對象，不僅擔心會很快曝光，所有行動也會被摸得一清二楚。因此那些人是為了跳脫交友圈，尋找不相干的陌生約會對象，才會使用交友軟體。

同理可證，面對必須欠人情才能做的事情，選擇跟自己的社交圈無關，素昧平生的「閒人出租」才是上策，不是嗎？

✉ 您好，冒昧發訊給您。我在執行捐一萬日圓給喜歡的人的企劃，方便的話，能請您接受我的捐助嗎？

✎ 我接下某個委託：「希望閒人出租收下一萬日圓。」據說他的目標是在兩年內，送一萬日圓給一百人。每當有人擔心我的經濟狀況，我都會嘴硬的說：「我想船到橋頭自然直吧。」這份意想不到的收入使我興奮不已。

我在第二章也舉過類似的案例，雖然「閒人出租」是免費服務，但委託人之中，不乏送我亞馬遜等禮品卡做為謝禮的人。儘管如此，我也完全沒想過，居然有人真的拿現金給我。

我提供自己的匯款帳號後，委託人也確實有匯款，讓我有點高興。雖然收到禮品卡也很高興，但多少讓我有點尷尬。畢竟亞馬遜的禮物卡只限在亞馬遜上使用，因此忍不住會覺得不如給我現金。

此外，有些人經常將星巴克飲料券（面額五百日圓）連同禮品卡一起送我，可實際上我不太會去星巴克，所以不禁會湧起稍微厚臉皮的想法：「原來這種東西，會讓人產生自己送了五百日圓給別人的感覺啊。」儘管我明白委託人是出自善意，但最近飲料券卻會給我一種像是勉強我去星巴克消費的壓力。

當然，我明白很多人是顧慮到用現金做為謝禮，會給人一種沒禮貌、容易衍生上下關係跟市儈感，而且直接給現金，也有種低質感的感覺。將五百日圓硬幣和面額五百日圓的星巴克飲料券比較時，後者經過星巴克的品牌光環包裝，似乎比較像份禮物，但對於受贈方來說，拿到五百日圓的開心程度，壓倒性地勝過飲料券。

進一步地說，我也很常收到像羅森（LAWSON）便利商店和 7-11 的咖啡免費兌換券（面額一百日圓），但我幾乎不會去便利商店買咖啡，所以肯定派不上用場。因此最近對贈送咖啡兌換券的委託人道謝時，也會有點壓力。就算是金額不多的現金，我也會欣然接受，所以無論如何都想答謝我的人，請給我現金吧。

儘管這點與強調免費服務的說法有矛盾，但如果有獲得金錢的可能性，我當然還是會想要。為了讓我從國分寺到達委託的目的地時，可以毫無壓力地選擇車資較高卻省時的路徑，即使只是區區一百日圓，我也會心存感激。

✉「乘坐山手線[8]一整天」是我始終想做卻尚未實現的夢想。雖然獨自去做肯定也別有風味，但有人坐在隔壁，聊些不著邊際的話度過一天好像也不賴，所以想委託您陪同。

---

[8] 以東京都港區品川站為起點，行經池袋、新宿、澀谷等大站，是一條最能代表東京的電車路線。全長約三四·五公里，共三十個站，繞行一圈約需一個小時。

今天我用這張車票盡情地來回搭乘山手線直到末班車為止。由於接到「希望陪同乘坐山手線一整天」的委託，所以我總共搭了十三趟（記得要使用東京都市地區通票，否則會被視為逃票，要特別注意）。

雖然在擁擠的車廂內佔了一人份的空間，難免有點內疚，但感覺就像是在觀賞真實的社會群像劇，相當耐人尋味。

上述案例是至今佔用我最多時間的委託。事實上，我完全不排斥佔用許多時間的委託。我不認為佔用他人時間有什麼不對，再說也經過雙方同意，就算沒有賺到錢，我也絲毫不在意。

另一方面，也有委託人基於「佔用你的時間理應回報什麼」的理由，給了我一萬五千日圓。

那份委託內容是希望我陪同去迪士尼樂園。委託人是位很喜歡在別人身上花錢的女性，亦即「渴望為別人付出金錢」，但是平常不太有機會這樣做。至於她想去迪士尼樂園的原因則有點複雜。住在日本東北地方的她，為了參加朋友在迪士尼樂園舉辦的婚禮而來到東京，所以她跟原訂一起出席結婚典禮的朋友，約好在婚禮當天去迪士尼樂園玩。結果那位朋友突然有急事，所以多了一張門票。她基於「雖然一個人逛也可以，但好像有點空虛」的想法找來了「開人出租」。

陪同去迪士尼樂園的當天，想當然爾是委託人負擔門票費，從頭到尾都是她請客，吃了各式各樣的食物，甚至還拿了超多委託人從老家帶來的土產。不僅如此，委託人還親手交給我裝有一萬五千日圓的現金袋。雖然這筆費用包括了車資，但從我家到迪士尼樂園的來回車資，連這筆費用的十分之一都不到。這是我在展開「開人出租」沒多久就接到的委託，因此當下只覺得相當不好意思。如今回想起來，每位委託人對於佔用他人時間的想法和謝禮的行情，都各不相同呢。

當然正如同我先前提過的，我本身不在意被佔用時間，所以就算佔用我好幾個小時，我也無動於衷，更不會有負面情緒。我原本一開始就是提供免費服務，當然不會索取謝禮。

有些委託人儘管沒給任何謝禮和酬勞，但是在利用「閒人出租」後，就會立刻在推特上發表相關感想，某種程度上是替我建立口碑的行為，也算是很充分的一種回禮。

同時，我也有點期待熱衷於閒人出租發文的追蹤者來買這本書。雖然買書跟酬謝費的重點不太一樣，但各位購書的費用，會在幾個月後化作版稅的形式匯入我的戶頭，還請大家斟酌。

話說回來，那位在迪士尼樂園給我一萬五千日圓的委託人，後來成為了我的回頭客。當時很接近聖誕節，所以委託內容是「我想花錢送人禮物」。據說那位委託人很喜歡挑禮物，因此那則委託的說明是「若是送禮物給親朋好友，很怕他們會誤以為我是想要回禮，所以我想送給閒人出租先生。方便提供我寄送地址嗎？」當我告訴她自家地址後，她說想送米跟肉品，但是我們夫妻倆都是懶鬼，沒有洗米的習慣，只好厚臉皮地試探性問她：「可以麻煩妳送免洗米嗎？」結果她爽快的回覆：「我會去找好吃的免洗米，我就是喜歡搜尋好東西。」後來果真收到來自委託人老家東北地方的美味肉品和免洗米。

我也接過「想請人吃飯」的委託。實話說，我打從娘胎起，都未曾動過請人吃飯的念頭。那位女性委託人則表示「老是被男人請客，無時無刻顧慮對方的感受，讓我覺得好累，所以我也想請別人吃飯，隨心所欲地享用美食。」

於是我依照委託內容，在新宿某間高級餐廳被請了一頓超貴的美食，我是第一次親眼看到現場炙烤肥肝之類的高級食材，也許這輩子也沒機會看到第二次了。連我自己都對於能免費享用高級料理感到不可思議，不禁嘖嘖稱奇地想著：「世上居然有如此奇特的人。」

至於單方面被請客，是否會讓我感到不舒服，答案當然是「不會」。如果彼此是朋友，可能會提議各付各的，然而委託人跟我之間沒有這份交情。對我來說，就像是我讓她請自己吃飯。最近我在收下禮券和現金的時候，也會有種我讓委託人送東西給自己的感覺。

代筆本書的撰稿人聽到這裡，問了我一個問題：「類似功德箱的感覺嗎？」畢竟我也沒當過功德箱，所以不可能知道。可是我覺得，還是跟功德箱不太一樣。

因為會捐香油錢的人，多半秉持著「有拜有保佑」的想法吧。換言之，捐香油錢是種祈求神明保佑的手段，然而給我禮品券或是現金的人，目的單純是想「捐獻」。我想是因為送人物品會獲得愉悅感和自我肯定感吧。儘管我一時間找不到很好的比喻，但硬要說，也許跟餵食寵物的感覺很類似，寵物看到送上門來的飼料，當然會毫不客氣地大快朵頤。

我透過「閒人出租」的活動，接觸到各式各樣的金錢觀。生在現今社會的人們，難免會想要金錢，也會對缺錢感到有壓力，所以大家在採取任何行動時，腦海普遍都會浮現「金錢」二字——但我認為這也是生活普遍了無新意的原因。若是將金錢擺在第一優先，就註定只能做些無趣的事。我們拼命賺錢的目的，應該是為了追求毫無壓力的生活，但這種做法反而容易本末倒置，讓金錢成為壓力來源，所以我姑且將金錢擱置不管。

若是純粹針對「閒人出租」這項活動來討論，我認為它帶來了嶄新的趣味性，最終也能成為一種生財工具吧。如果當初我選擇收費，這股熱潮八成很快就會退燒，這與本書開頭提過的內容也有關。閒人出租是暫且捨棄像金錢這種淺顯易懂的價值觀，提供既存收費服務內沒有的多元價值觀，從而衍生出形形色色關係的服務。

雖然也有人批評我的活動是「新型小白臉」和「新型乞丐」，但我覺得將之視為是形形色色關係的其中之一也沒什麼不好，而且會用「新型」這個字眼來形容，表示自己有帶給他們新奇感吧？所以我選擇欣然接受。

我想對那些認為人工作是為了掙飯吃的人說：「我的本質是文字工作者，如今的階段是專注於採訪上，且不必負擔交通費和其他費用就能獲得豐富的經歷，不覺得這種採訪方式還不錯嗎？」

起初展開「閒人出租」的服務時，我不得不發推文一再聲明自己有妻兒，妻子還算願意支持這項活動，以及目前是靠過往的積蓄生活。前頁的推文是因為有追蹤者詢問我的身分，於是我就這麼回答他。儘管我沒有任何意圖，但也多虧了自己公開了這些事情，使委託人的警戒心降低許多。

假如我沒得到妻子的支持，別人八成會對我嗤之以鼻：「這傢伙游手好閒的在做什麼？」不，我想不管我有沒有家人，對我嗤之以鼻的也大有人在。但至少委託人得知我的部分背景後，會對我產生更深的信任感，也不會對委託我產生罪惡感吧。

我想表達的是，自己並非是不顧家人反對，一意孤行地從事這項服務，目前的經濟狀況也沒有很吃緊，所以委託我時，用不著在意那麼多，完全不用考慮像「用這麼無聊的委託佔用他的時間，真的好嗎？」等想法。

即便如此，還是有委託人會在意這點。例如先前提到拜託我陪她去迪士尼樂園的委託人就是其中之一。當時她給了我一萬五千日圓當作「佔用時間費」，還催促我趕快結束行程。雖然她在委託我前就曉得我已婚，但當時我並沒有表明自己還有個小孩，所以在我陪同她逛迪士尼樂園，不經意提起小孩時，她對我說：「咦？你有小孩啊？那你還是快點回家比較好。」原本打算陪她去看夜間遊行表演的我，最後也提早解散。

我當時才發現，沒想到有家庭的人居然會以這種方式被關懷。對我的關懷，我當然心存感謝，但事實上因為我是在工作期間，所以委託人完全沒必要顧慮我的家庭。

為了避免誤會，我先在此澄清，陪同去迪士尼樂園的委託讓我非常開心，第二次委託時，我也充分享用了她送來的肉品及免洗米。若是還有類似委託，我當然會欣然接受，而且她那份「有小孩就趕快回家」的關懷也很溫暖。只不過，利用「閒人出租」之際，這份關懷是用不上的。

我當上班族時，曾經動過「儘管不想做，但看在錢的份上去做吧」的想法，但要堅持下去卻很難。在那之後，有段時間我在玩虛擬貨幣。雖然很快就厭膩了並脫手，卻也讓我明白到，自己過去只知道「金錢＝等價的酬勞」價值觀，原來在這種價值觀之外，還有很多其他賺錢管道。由於時代變遷，才得以催生出「閒人出租」。雖然有些事確實得靠錢解決，但放棄金錢，就能獲得金錢以外的東西。我進而領悟到，金錢終究只是種方便使用的工具罷了。

但我也必須老實說，假如若有我的妻子不再支持這項活動之時，大概就是存款用盡的那一刻吧。

您好，我是曾委託你陪我打電話給債主的委託人。我本月分也確實還款了！由於我真的很長一段時間沒有遵守還款期限，拖欠還款很久，讓我覺得自己離正派人士又更進一步，感覺非常高興。也因為心情很好的緣故，讓我超想亂花錢，所以讓我宣洩這股情緒吧，使用與否隨你高興。

拖欠成性的委託人，向我報告這個月已確實還款。然後他又送我亞馬遜禮物卡，他還真是浪費成性。

CHAPTER

5

不對抗 AI

不努力追求高效率

✉ 我每次都想記下本週待辦事項，但最後往往忘記設定提醒跟備忘錄，所以能讓我用推特私訊記一下嗎？（只有現在）我想如果傳訊給別人，自己應該就會記住吧。

我了解了。

✉ 宜得利家居繳款、旅行社繳費完畢，謝謝你。

人活在世上，往往會被「必須去做點什麼」的義務感追著跑，而達成某個目標後，別人就會期待自己做得更好、更快和更多。但我意外發現，很多人跟強調「什麼都不做」的閒人出租接觸時，就會跳脫「要做什麼」和「能做什麼」的思維，提出截然不同的需求。

「閒人出租」也接過用推特私訊希望我「照本宣科地回覆既定字句」的委託，在此直接刊載我發過的推文來進行說明。

✎我接下一個委託：「我會私訊寵物的照片給閒人出租，收到後請回覆我：『真是可愛到讓人難以置信』。」像這類可以用私訊完成的委託，只要有指定詞句我也會承接。我也曾遇過對方在進行到一半突然傳影片過來，或是傳自己的大頭照等不符規定的情況，但我只要無動於衷地回覆委託人指定的詞句就好，所以倒是沒關係。

✎委託人身上發生了罕見巧合，希望我對他說：「喔～真是厲害呢！」委託人今年抽到兩支內容一模一樣的籤詩，同樣也感到嘖嘖稱奇的我欣然接下了這項委託。居然會拿到重複的籤詩，的確是很厲害的經驗，我想這首籤詩寫的內容，絕對是他今年的運勢吧。

曾有某段時期，經常有人委託我像是「早上〇點請發私訊給我」等只要利用ＡＩ和智慧型手機的提醒功能，不需請人幫忙的工作。這類「為何還要委託人類來做」的委託大量出現的原因，究竟是什麼？

即使跟ＡＩ相比，人類無法將事情處理的盡善盡美，但是從失敗一步步走向成功時，便會感到喜悅，而這份喜悅也會感染其他人。由於人類是貨真價實的笨拙，所以才有信賴的價值吧。在開始從事這項工作後，我越發相信以上的推論。

因為像這種無須抵達現場、提供一人份存在，在網路上就能完成的委託，居然會讓很多人感到心滿意足。雖然這類委託完全能被ＡＩ取代，但「閒人出租」跟ＡＩ之間果然存在著差異。

舉例來說，「俄羅斯聲控娃娃」是曾經風靡一時的玩具。只要對它講話，它就會做出點頭或是搖頭的反應。但我認為可愛人偶的點頭模樣固然討喜，但對此感到心滿意足的人，應該是少之又少吧（完全是我的個人見解）。

若改用電腦和手機等機器執行「單純回覆既定詞語」的任務，成功機率幾乎是百分之百。可是委任「閒人出租」的話，首先得面臨閒人出租是否願意受理的門檻。委託人可能會擔心：「對方願意接受這種無聊的請求嗎？」就算對方接下了委託，也可能忐忑不安地想著：「如果閒人出租先生到了該傳私訊的指定時間，臨時有其他事情插隊怎麼辦？他會不會把指定的詞句打錯？」想成功委託一個人，就必須面臨諸如此類的不確定因素，這就像是在一一克服人類天生的缺陷，也許這樣的過程會給人質樸可愛的感覺吧。

將ＡＩ理所當然、輕易完成的任務，刻意交給不見得會成功的人類去做，居然能獲得這種效果，或許也代表「低性能」是人類的醍醐味吧。

所謂「Spec」，是英文單字「Specification」（規格）的縮寫，普遍是指電腦等工業產品的性能和機能，像是目錄規格（catalog spec）和基本規格（basic spec）等。若是把這個單字套用在人類身上，舉凡飛毛腿、精通英文、溝通能力強等技能，或是在專業領域出類拔萃，取得律師證照、會計師證照等，都可以統稱為「性能」。

關於這點，我對於「閒人出租」的低性能感到自信滿滿，甚至可以說是「零性能」。我就是因為自己什麼都辦不到，才會興起「閒人出租」的概念。

以下是我開始閒人出租服務三個月左右，得到比之前更多迴響的委託。

> ✉ 可以請您明天早上六點，用私訊傳「運動服」提醒我嗎？

換句話說，委託人想把「閒人出租」當成提醒軟體來使用，但我回覆說沒問題，並在隔天早上六點整傳了「運動服」三個字給他。我把這段互動過程放上推特，並加了一句「這是近期最無聊的委託」，結果引發廣大迴響，回覆超過兩萬則，超過八萬三千多人按讚。「閒人出租」的追蹤數，也是在那時獲得大幅的成長。

這個出乎意料之外的狀況讓我驚訝不已，但如今回想起來，「請人類六點準時傳私訊」這個要求似乎很有趣。為了要早上六點傳私訊，我得提早五到十分鐘起床，然後在手機輸入「運動服」三個字。我還得預先留意時鐘，等到六點立刻按下寄送鈕才行。因為這個委託必須克服上述問題才能完成，而且執行過程也不難想像，才會有這麼多人覺得這則推文很好玩吧。

那則推文還出現了下面這些回覆：

真是一大早就很折騰人的委託呢！（笑）

Ps. Line的提醒機器人「提醒君」很方便，你可以分享給他咦？如果這是免費服務……比 Morning call 還厲害……

為六點整發訊的閒人出租先生流下同情的眼淚。

使用鬧鈴功能不就好了……你人真好！

你義務早起做這種事嗎？真是太厲害了！

親身經歷後，我才知道準時傳送私訊的委託其實並不簡單。雖然有人使用了「義務」的字眼，但我再次重申，如同我在第四章所述，「閒人出租」並非是做義工。

事實上，那份委託還有後續發展。下則是我收到回報後所發的推文：

雖然委託人沒有忘記攜帶運動服，但好像把它忘在去程的巴士中。不曉得是否因為這樣，委託人再次拜託我「下午三點私訊『辦公室』三個字」。

自從「運動服」的委託爆紅後，提醒類委託也蜂擁而至。不是我誇大其辭，但當時我每天收到將近三十件相似的委託。由於實在吃不消，基本上我都會拒絕，偶爾心血來潮才會承接，下則的緊急委託就是一例：

✉ 不好意思，我今晚可能會上床，希望你傳私訊提醒我十二點記得剪指甲。

真要說起來，發送私訊也能算在「閒人出租」的服務範圍內嗎？我自認很難界定。承接「運動服」的委託時，我將之視為「簡單應答」的延伸，秉持著「做一次也好」的想法接下委託，但如前述所說，「什麼都不做／做某件事」的界線原本就相當曖昧不清，因此這方面請大家睜一隻眼閉一隻眼吧。

雖然有點離題，就用這則截至目前依然大受歡迎的委託，介紹只有人類才能辦得到的事吧。

✉【委託內容】遇到外出散步的愛犬，請好好疼愛牠。

【委託原因】我的愛犬超愛親近人類（已超越不怕生的程度）。牠在外出散步時，也會對沒牽狗的路人搖尾巴示好，但往往會被視若無睹而顯得垂頭喪氣。雖然有牽狗的飼主大多會友善回應牠，但畢竟雙方都在遛狗，所以能理會牠的時間有限。每當對方要離開時，牠就會發出難過的嗚嗚聲，然後死纏爛打地追過去。

為了怕對方覺得牠太纏人，身為飼主的我雖然想盡了一切辦法，但愛犬始終覺得不夠。〈中略〉每當看到對人類傳達滿滿愛意，卻經常難以如願而有點沮喪的愛犬，總讓我的心隱隱作痛（但因為牠天性樂觀，似乎很快就忘得一乾二淨），所以我希望偶爾有陌生人願意理會牠，滿足牠的小小心願。

因此我想委託閒人出租先生假裝（？）是路過的陌生人，遇到外出散步的我和愛犬時，理牠一下。

我接下某個委託：「希望閒人出租假裝偶遇外出遛狗的我，並和我的愛犬玩。」委託原因洋溢著滿滿的愛。我與他們在車站道別後，狗狗垂下尾巴露出落寞的模樣，真的超古錐……

截至目前為止，這則推文的按讚數高達十七萬。也許是因為可愛狗狗的照片能輕易打動人心，充分傳達出了訴求，同時委託內容也文情並茂的緣故。又或者是因為當天恰巧是「貓之日」[9]，反而召喚出不少愛狗人士吧。不管怎

❾ 指二月二十二日。由於日文中，「二」的讀音與貓叫的擬聲詞「nya」相似，因此被暱稱為「貓之日」。

樣，我認為這份委託與其說聚焦在狗身上，不如說是愛狗人士。這份委託與先前的提醒類委託形成強烈的對比，反而激起我的好奇心：如果委派ＡＩ來做這件事，會產生什麼樣的反應呢？我摸了狗狗好一會兒後，委託人遞給我一條手帕，他似乎隨身都會攜帶幾條手帕。所有情節都是如此地完美、溫柔而充滿人情味。

ＡＩ當初成為話題趨勢時，有人曾提出警訊：ＡＩ進化的速度之快，遲早有一天會搶走人類的飯碗。性能優於人類的ＡＩ工作效率佳，人類勞動者勢必會被淘汰。另一方面，也有一派人士認為把看護的工作交給機器人，對於被看護者是種不人道的行為，這想必是基於「認同人類需要的不只是性能而已」的看法吧。

因此曾有人說過，很多人利用「閒人出租」代替「提醒軟體」，正是因為上述原因，但我覺得也沒那麼誇張。好聽點的說法，閒人出租的存在，在某種程度上較接近表演藝術，像這樣反其道而行、採用沒效率做法的樸拙感，反而產生了趣味吧。

總之，大家對於ＡＩ普及與趨於自動化的社會，產生了與其說反彈，不如說是索然無趣卻又微不足道的掃興感。而我就在大家有此感觸的時候，冷不防發了「運動服」的推文，恰好幫為大家的這股情緒找到宣洩的出口，因此大受歡迎。我覺得人類在提醒方面的需求，與刻意拜託有可能會犯錯的人類去做事的樸拙感，或是身為人類就有可能會犯錯的不確定因素有某種關聯。但這也是我現在想到而補充的觀點。

雖然我沒有確切證據，但完成這類委託時，委託人好像都非常高興。約有半數委託人會開心到送我星巴克飲料券，或是亞馬遜的禮品卡，這個現象也讓我感到相當不可思議。

我接下某個委託：「希望閒人出租在我寫完兩萬字的畢業論文之際，私訊一句『辛苦了』來慰勞我。」當時離委託人的畢業論文繳交期限只剩六天，卻連一個字都沒寫，精神層面已經被逼到絕境。但剛才已經傳訊通知論文已完成，於是我按約定只傳了「辛苦了」三個字給他，結果他送給我面額兩千日圓的亞馬遜禮品卡，算是文字單價超高的工作。

當然，委託人應該明白我的私訊不帶任何感情。我只是機械化的輸入委託人指定的內容，不帶情感的傳訊。雖然自己講很不好意思，但「閒人出租」其實也算得上是一個品牌吧。

我想委託人可能是基於有位還算有知名度和影響力的人物，特地傳私訊給自己而感到開心，值得高興的點在於「那位閒人出租真的回我訊息了！」否則就算委託人了解人類手動執行的價值，我想也不至於開心到要送亞馬遜禮物卡的程度吧。

以下將分享些不算是提醒類委託，卻也可以用私訊完成，且讓我印象深刻的委託。

委託人是這麼說的：「雖然我受邀參加朋友的婚禮，但與對方的交情其實也沒好到讓我很想去。如果向對方坦承怕會傷感情，儘管如此又不想說謊，因此希望自己當天能與閒人出租有約，然後請你那天放我鴿子。」這個委託讓我「什麼都不做」的尺度達到巔峰。

就像推文說的，委託人不想參加朋友的婚禮，但是毫無理由拒絕又怕得罪人，所以希望假裝跟我當天有約。我認為這是很耐人尋味，而且最大化程度善用了「閒人出租」的委託。

像這種情況，委託人就算不利用「閒人出租」，而是直接跟對方說：「我當天跟人有約，所以不能參加婚禮」，也不會給人留下壞印象。但站在委託人的立場，由於他跟我是真的有約，所以也能減輕那股內疚感，至於「什麼都不做」的我，則成為了他的幫凶。

這位委託人八成想替自己找個「不出席婚禮」的精心理由吧。雖然方向性完全不同，但給我感覺像是精心包裝禮物。對收禮方來說，無論收到的禮物是否精心包裝，最在意的還是禮物的內容；但是對送禮方來說，卻能得到自己有用心送禮的滿足感。

對我來說，與其大費周章地刻意捏造跟人有約，逃避欺騙的事實（畢竟是以爽約為前提的約定，雖然多少能減輕欺騙的程度，但終究還是在騙人），不如直接說謊還比較輕鬆，但我想這是委託人讓自己釋懷的一道手續吧。

也許委託人比起直接撒謊不去，更傾向造成既定事實。畢竟隨口說出的謊言，很可能會露餡。唯有謊言敗露時，撒謊才會成為既定事實，為了不讓謊言露出破綻，所以說謊後也得做出合情合理的安排，否則謊言無法延續下去。

因此，如果委託人真正希望的是說服自己「那天真的有約，所以不能出席婚禮」，所以才跟「閒人出租」約好，那我就能完全理解他的做法了。

我也有類似的經驗：當我承接了提不起勁的委託，或是猶豫是否要拒絕老是重複委託的委託者時，不禁也會想：真希望有誰能在同一天的同一時間來委託我。就算同樣是拒絕委託，與其用「提不起勁」的理由，用「有其他委託進來」的理由，讓我的壓力相對小了許多，下次也能若無其事的繼續承接同個委託人的委託。

以上種種，雖然我嘗試對於「希望閒人出租爽約」的委託進行了諸多分析，但我當天壓根忘記聯絡委託人我會爽約，所以這份委託當真是在「什麼都不做」的情況下落幕。

說到爽約，還有像下則委託這種即使無意「什麼都不做」，卻對委託人有所貢獻的案例。

我和委託人原本約好一起去井之頭公園搭船，卻因為委託人突然要面試而臨時取消，但聽說委託人由於爽約了我，所以很認真的完成了這場面試。把這視為

「閒人出租」的功用會讓我有點困擾，但畢竟可以自由取消，因此也有這種使用方法。

在此附上委託人後來傳給我的道謝私訊。

✉ 面試順利結束了，再次為了今天的事向你道謝。
托你的福，讓我覺得自己必須連同爽約的份一起努力，所以面試的表現比以往更好一些（笑）。原來還有這一招啊……

我也承接過跟提醒類委託不太一樣，但同樣將我視為電腦軟體的委託。

✉

我想委託您進行極為簡單的應答。

可以請你聽手機的語音客服專線播報的數字，然後現場告訴我嗎？

只是很短的一串數字，我想全程約三分鐘就可以結束。因為我是聽障人士，所以無法接聽電話，因此一遇到語音客服專線報數字時就卡關了。

目前我陷入聽得見的人不在身邊，相當困擾的處境，所以才會詢問您。再麻煩您考慮承接這份委託。

我完成這份委託後，貼上前述的委託內容截圖，並發了以下這則推文：

我接下某個委託：「想請閒人出租聽手機的語音客服專線，並將播報的數字告訴我。」雖然這是辦理銀行戶頭手續時的常見功能，但這位委託人是聽障人士，所以卡在這個步驟。我們碰面後，委託人立刻把手機遞給我，於是我用耳朵貼著聽筒，然後向他轉達聽到的數字，委託就結束了。所需時間約五分鐘，刷新了租借最短紀錄。

老實說，這份委託的性質超像在做義工，做為「閒人出租」的服務範圍似乎有點太感人了，於是我在推文上寫了「刷新租借最短紀錄」，企圖將話題導向玩笑的方向，試圖掩飾內心的害羞。後來那位委託人傳私訊來向我道謝：「雖然看到您寫刷新了租借最短紀錄，覺得很不好意思，但我想有人也跟我有相同困擾，感謝你發這則推文。」

我想再三強調，自己不具備慈善精神，但是透過「閒人出租」這項服務，讓我明白原來世上存在著各種煩惱狀況，而且五花八門的程度遠遠超出我的想像。「閒人出租」雖然是零性能，但多多少少能幫助解決這些疑難雜症。

如果當初聽號碼的委託只寫：「希望你聽語音客服專線並告訴我。」我可能會基於「叫我去做事」的印象而拒絕。但那位委託人是詢問我：「可以請你聽手機的語音客服專線播報的數字，然後現場告訴我嗎？」不禁讓我覺得他似乎相當明白「閒人出租」的原則，因此才答應承接。只要委託內容給我這種感覺，就算似乎有違「閒人出租」會做的事，我也會積極考慮。

此外，那個「租借最短紀錄」約十天後就被刷新了。以下是那則再度刷新紀錄的委託文和我的推文：

我現在是大學生，由於早上一直爬不起來似乎快被二一，不能再繼續蹺課了。我想，也許跟你約定早上碰面，我就爬得起來了，所以才聯絡你。

我承接了希望跟我約碰面的委託，因此一早跑去跟委託人見面。委託人也按原定時間出現在約好的場所，並順利去上課了。見面的瞬間就道別，再度刷新了租借最短紀錄。

「閒人出租」的基本功能是暫時提供一人份的存在。能充分發揮這項功能的典型委託是像「旁觀委託人打掃住家」和「盯著委託人工作，以免打混摸魚」等。儘管聲稱是「旁觀」，但其實我多半都沒在看，只是單純待在現場而已。說得極端點，在這類委託中，我只要擁有人類的外表跟質量就足夠了，完全不需要具備任何性能。

✎我接下某個委託：「假日獨自在家卻無法專心唸書，希望閒人出租能來我家陪我。」光是去程就花了我兩個半小時，抵達後就只是在委託人家裡待著。他家有很多書，連文藝雜誌跟看起來頗為昂貴的精裝硬皮書都很豐富，待起來很舒適。結果我在歸還《默默》（*Momo*）時還放錯位置，真是太缺乏專業意識了。

我經常為了上述類型的委託前往委託者的家。儘管我不曾要求委託人要先打掃，但委託人招待我來家中作客時，屋內通常會維持一定程度的整潔，純粹待在別人家中的我，似乎先發揮了讓委託人自動自發收拾房間的附加效果。畢竟被陌生人看到凌亂的室內，依然會讓人感到困窘。

我接下某個委託：「由於我在家工作，但獨自一人會偷懶，所以希望閒人出租在場陪同。」即使我沒在監督，但多個人在旁邊，氣氛好像就截然不同。從服務初期開始，這類委託就很多，已逐漸成為典型的委託類型。而且據我觀察，每次都會附帶「有人來家中就會收拾房間」的清潔效果。

像這種不期待發揮人類性能，或是零性能也能有所貢獻的委託，最讓「閒人出租」感到開心。但有時候，我太過順理成章地做完「單純待在那裡」的工作，也會讓我感到五味雜陳。

那位聲稱獨自在家就無法專心唸書的委託人，再次委託了我。結果第二次去時，他並沒有來車站接我，我只好憑上次的記憶走到他家，到了後立刻進入屋內，什麼都不做地待著，時間一到就馬上起身離去，「自己究竟算什麼呢」的情緒至此也達到了最高點。

前往委託者的家，並停留一段時間的委託中，有時也包含了品嚐廚藝。某位女性委託人，打算將來開一間餐飲店，所以想有一些陌生人品嚐自己廚藝的經驗。我品嚐她做的料理後，感想只有「很好吃」。儘管如此，當我直接告訴她後，她的反應相當高興。

順帶一提，那位委託人已婚，我是趁她丈夫不在家的時候上門叨擾，意外陷入充滿悖德感的情境。這份委託是在二〇一八年六月初時承接，當時的我剛展開「閒人出租」的活動沒多久，正值「閒人出租」存在意義的摸索期。所以事後自己以旁觀者的角度回想，才注意到號稱「什麼都不做」的閒人出租，與女性單獨共處一室時，讓「什麼都不做」頓時也有了另一種含意，不免讓人覺得好笑。

順帶一提，我待在委託人家中的期間，委託人的母親湊巧打電話過來。那位委託人也是個怪人，居然對話筒說：「閒人出租目前在我家，我把電話拿給他聽。」然後直接把手機拿給我。我也只好無奈地對著手機自我介紹：「你好，我是閒人出租。」對方回我：「不是她的外遇對象嗎？」我趕緊否認：「不是，我敢保證自己什麼都沒做。」結果我們就像這樣，進行了一段莫名其妙的對話。

單純提供一人份存在的委託，同樣適用於會議等場合。以下就是我當時的實況推文：

有家我不認識的公司，請我出席一場未知服務的開發會議。

大家都邊看電腦邊吃著漢堡。

在會議的氣氛來到最高潮的時候，出現了古典巧克力蛋糕。

誠如各位所見，我什麼都沒做。這也是我初次遇到希望閒人出租出席會議的委託。委託人正是那間公司的社長，他把我這位陌生人安插在會議現場，然後擺出稀鬆平常的態度，似乎是想消除內部會議的緊張氣氛。

雖然「閒人出租」的身份在會議一開始就曝光了，但參加會議的成員們，想必多少有替身為外部人士的我設想，發言時似乎都會斟酌用字遣詞，儘量避免使用專業術語和內部行話。我猜這間公司可能是想讓會議更為平易近人，希望與會者進行討論時，也會不自覺地替客戶著想吧。

簡而言之，提供服務方看來理所當然的事，服務客群不見得清楚，若能將這種認知落差具體化，也能拓展會議參與者的眼界吧。

會議中，我基本上都在大啖漢堡和古典巧克力蛋糕，社長偶爾會問我：「你覺得這個如何？」或是「你看得懂這張插圖是指什麼嗎？」時，我也會不時回答：「不知道。」畢竟我對於那間公司和所提供的服務，完全是一無所知。正是因為我是澈澈底底的局外人，才能發揮監控員般的實用效果。

我最初展開「閒人出租」的服務時，原以為自己最常承接的委託，會是像前述那場會議般，在多人以上場合提供一人份存在的委託。但我想像的場景並不是會議室，而是在像派對、飲酒會和戶外燒烤等娛樂場合，安插一個「什麼都不做的人」。

但實際開始接委託才發現，無論是同席還是同行，委託人跟我一對一的情況壓倒性地居多——正確來說，絕大多數都是一對一，是我始料未及的情況。

換做我是委託人的話，才不敢發出要跟「閒人出租」一對一相處的委託。由此可見，那些委託人的膽子都很大。

雖然我跟委託人成立的關係幾乎都是一對一，但透過推特這種媒體，無論是否為追蹤者，還有很多像是「觀眾」的網友們。在某種意義上，可以說「閒人出租」的存在，是建立在我、委託人和不特定多數的觀眾上。觀眾隨時都可以以委託人之姿站上舞臺，委託人也可以再次回到觀眾席上。

儘管這樣講，很像是在為自己臉上貼金，但這種概念會讓大家產生強烈的當事人意識，對「閒人出租」的一舉一動感到好玩，甚至對我的推文莫名地產生興致勃勃的反應。因為推特上的每一個人都無法完全置身事外，我所發的每一則推文，都能感受到觀眾們的暗自驚嘆：「原來閒人出租還有這種使用方法。」

關於當事人意識，以前我拒絕某位考生「為我加油」的委託時，曾經發過這則推文。

以前我曾在氣氛緊繃的補教業Z公司任職，每天都在為考生編寫數學教材，結果後遺症是只要看到考試二字，我的腦海只會浮現：「可惡！怎麼樣都行啦。」由於我擅自把對公司的討厭回憶與考試劃上等號，所以只能對那位考生說抱歉了。

（雖然本書內隱去了過去任職的那家文教公司的名諱，但我當時其實在推文上大剌剌地公開了，不過先姑且不提。）

發出這則推文後，有許多「閒人出租」的追蹤者代替我激勵了那位考生。

由此來看，這種情況就是那些也想站上舞臺的人，看到有委託者被我拒絕後，從觀眾席送來了溫暖掌聲吧。我的確衷心對那位委託人感到抱歉。但就如同我在第一章提過的，自己曾經拒絕了三件「陪同參加祝賀儀式」的委託，結果被我拒絕的三人結伴去了祝賀儀式，反倒給我一種在觀眾席相遇的人們，彼此結伴同行的溫馨感。

另一方面，站在舞臺上的委託人，是否會對這種服務模式感到失望呢？所幸，我目前尚未聽到這類的抱怨。也許這是由於我一直努力降低期待值的緣故，但最近追蹤者口碑增加後，又讓我有種期待值上升的感覺。想到這裡，或許實際上也有不少人對我大失所望吧。

前陣子，我承接了「陪同去城市中閒晃」的委託後，陪委託人在東京某處走了約五小時。由於那位委託人極度沉默寡言，因此我們幾乎沒有任何對話。加上我基本上只會被動應答，當天身體又不太舒服，所以應答的次數只有平常的七成左右。事後那位委託人半開玩笑地對我說：「儘管相處了五個小時卻沒講到什麼話，感覺有點難過呢。」如今回想起來，那也算是失望的情緒吧。

所有「閒人出租」的委託者都對我說感覺很愉快，站上舞臺後看起來也很興高采烈。大家對於「登臺」的期待值，也許比我想像中的還要高。話雖如此，假如我淨發些無趣的推文，不去管轉推、按讚還是回覆的次數，那就本末倒置了，因此這點也是我的難處所在。

不過我左思右想，今後「閒人出租」的零性能也不會改變，我原本就無法積極跟人聊得興高采烈。相反來說，試圖去做某事，甚至是努力去做某事到極致，肯定是弊大於利。最近這個想法也越來越強烈。

前些日子我承接牛郎俱樂部的委託，被迫當牛郎時，發現店內的注意事項中有明文規定，言談中不能提及女生（客人）的「工作」和「長相」。真想拿來告誡那些老愛問客人「今天不用上班嗎？」或是「你超瘦的，有好好吃飯嗎？」的髮型師們。

髮型師好像老愛做多餘的事情，例如試圖引導對方說出隱藏的需求、提供符合客人生活方式的全面解決方案等。職場中「傳送回條」的規定也是如此，簡單來說，自己寄信給對方，等對方回信後，禮貌上就必須再回傳些謝謝之類的話語。如果單次信件來往就能解決，根本就不用再特地回信致意。

總之，當我在接受剪髮服務時，發現如果遇到試圖替自己的服務營造差異化的髮型師，往往他就會做得太過火。前述的推文是起因於我在那間美髮店填寫了一份「履歷表」，內容包含關於頭髮的困擾等。但我明明只是來剪頭髮，只要不要剪得太俗氣就好。當我告訴髮型師老樣子就好時，對方又會雞婆地問：「這樣不會覺得膩嗎？」

因為髮型師是整理他人頭髮的工作，所以頭髮佔了他的人生很大的比重。但我自己不是很注重頭髮，也認為剪髮是每一到兩個月就得處理的麻煩事。如果對方能理解這一點，想必雙方都會輕鬆許多。

因此，我現在不會去專業的沙龍，主要都是去百元連鎖品牌 QB HOUSE 剪頭髮。價格低廉，也不會發生前述那些匪夷所思的對話（再說他們也很專業），而且工作人員都戴帽子這點也很不錯。

我是自認零性能的「閒人出租」。在還是個上班族時，我經常被主管諷刺

「你對公司是可有可無的存在」、「搞不清楚你還有沒有在呼吸」，那位主管會說我待的部門「經常只剩下空氣」，多少也跟此有關吧。

當時我被期待的性能——講白一點，就是高效率的辦事能力。第一章也有提及，我大學畢業後，就進入一間提供函授服務和教材出版的Z公司，工作內容主要負責編輯教材。

當時公司內部正好刮起一股熱血沸騰的風氣。一般來說，編制教材的工作是例行業務，往往會沿用去年的內容，然而當時正值大幅調整課綱的時期，教材勢必要全面更新。所以公司不只要求員工的編輯能力，還得在教材更新時，提出像是製作可以提高學習效果的書封等提案。為此，公司定期召開編輯會議，漸漸變成了團隊合作大過於獨自作業的局面。也就是說，我們必須彼此提出意見，然後向主管提案，工作內容變得更為講求企劃力和溝通力。

或許有人面對充滿創造性的工作，能夠大鳴大放，但我是屬於獨自悶頭工作的類型，在旁人看來，顯得格外沒有貢獻。我曾經被唸過「這麼單純的工作委外就好」、「提出一些只有員工才想得到的好點子，或是去做些有創造性的事」，但遺憾的是，我未曾提過一個對公司有幫助的點子。

這樣的我放棄了創造性，開始邁步走向了「閒人出租」的人生，儘管我完全採取被動的姿態，但形形色色的委託人，卻給了我各種充滿點子和創造性的每一天。

那麼，我今後的未來究竟會如何呢？

就現階段而言，我也不曉得將來是否能繼續靠著「閒人出租」，實現「什麼都不做的活著」的願望。

但一般來說，就算獨自一人、什麼都不做，也能活下去。與其說我對此很有感，不如說我確信事實就是如此。事實上，有許多人願意請「閒人出租」吃飯，也能瞬間找到願意提供住宿地點的人（最近我因為委託前往大阪時，發推文說了「歡迎有附住宿的委託」後，立刻就出現願意提供我住宿的人）。

極端點的說，人只要食宿無虞，就能夠活下去。

然而，我是個有家庭的人。要我拋棄自己的家人，這點我絕對辦不到（如果是被趕出家門那就沒辦法了）。儘管目前還不到需要考慮小孩學費的階段，但存款總有一天會見底，未來勢必得想出能維持全家生計的對策。先撇開小孩的教育方面不談，我不免想，假設「閒人出租」可以成立，那「閒人家庭出租」呢？全家人是否也能什麼都不做的生存在這世上呢？雖然我明白這是痴人說夢。

當然，與「閒人出租」比起來，「閒人家庭出租」的需求量想必大幅減少吧。但如果出現了一位委託人說：「由於家人長期出差，住家會空一整年，這段期間可以請你們過來住嗎？」是否就確保了住所呢？最近我有點在考慮這種可能性。

我在第一章曾提過，自己展開「閒人出租」的契機，是看到心屋仁之助先生所提倡的「存在工資」概念，但其實還有另一個遠因。我剛出生的孩子，多少也影響了我的想法。

因為嬰兒毫無用處，換言之就是「零性能」的存在。儘管什麼都不做，卻必須在包含父母在內的周遭人們的呵護寵愛下，才能活下去。忍不住對嬰兒心生羨慕的我，內心進而萌生：「如果世上所有人就算跟嬰兒一樣零性能，依然也能活下去就好了。」

通常來說，這種天真的想法必須在長大成人前拋掉。但我卻是將這個發想，化為促進「閒人出租」生長的肥料。講得誇張一點，或許也成了我的人生哲學。

嬰兒不管喜怒哀樂時都很可愛。無論他們在做什麼，或什麼都不做，都很可愛。儘管如此，嬰兒不會刻意討人歡心，而是隨心所欲地去做自己想做的事。世上最幸福的事情，莫過於此吧。

簡而言之，我衷心希望世界上不只自己，所有人都能隨心所欲地過生活。

雖然當我講出「所有人」時，感到有點後悔，怕別人覺得我很偽善，或是在裝酷。但客觀思考後，如果只有我隨心所欲地生活，看到大家都在拼命工作，自己卻只想偷懶，我當然會在意，而且我是真心這麼覺得。對我而言，世間掀起一股爭相「隨心所欲而活」的流行風潮，才會讓我感到如魚得水，所以在此還是保留「所有人」這個用詞吧。

儘管這種講法太過誇張，但我是認真這麼想：嬰兒不僅可愛，更是好惡分明。被餵討厭的食物就直接吐出來，非常忠於自我。如此完美、可愛且忠於自我的嬰兒，卻被迫灌輸成人的價值觀，在成長過程中逐漸變成不可愛也不忠於自我的大人，實在太可惜了。正因如此，我們更應該過著隨心所欲的生活。

後記

沒有後記的原因

編輯

辛苦了，關於本書的排版校稿，希望您今天不要太晚回覆美編田村先生修改要求。昨晚您傳訊在糾正錯誤的地方標記了 Yes 跟 No，真的幫了我們很大的忙。〈前言〉和〈後記〉事後補交也沒關係，再麻煩您了。

昨天 17:14 ✓

基本上全部都同意，不過與其刪除拖延還款的委託那一段，我更想刪除〈後記〉。交件期限越是逼近，越提不起勁寫出令人滿意的內容，想說乾脆整個拿掉。但如果這麼做有困難，我就寫吧。

昨天 17:25 ✓

〈前言〉和〈後記〉究竟是為了什麼而存在呢……我現在已經完全喪失了握筆的心情。

昨天 17:25 ✓

編輯

關於〈前言〉和〈後記〉，我個人認為它們分別擔任「起飛」和「降落」的功用。讀者打開書本進入別人的世界時，可以緩和彼此間的陌生感，循序漸進地融入內容。〈中略〉身為讀者的我，相較之下也會期待閱讀到〈後記〉等內容，所以整個拿掉感覺有點寂寞。

（1）不要完全拿掉，而是留下某種程度的內容再做部分刪除。

（2）交稿日是四月十八日，所以四月十五日（一）前請重擬好內容。

我想上述兩個提案應該算是折衷的做法，您認為如何呢……

昨天 18:45 ✓

感謝回覆。雖然我能理解你的意思，現在講有點為時已晚，但是以自己做為出發點寫文章，使我深刻感受到跟自身立場有衝突，感覺很痛苦。先將這份感受傳達給您知悉。

昨天 19:24 ✓

編輯

我明白您的心情了。關於是要把〈後記〉整個拿掉，或是把「雖然寫了後記，但跟自身立場有衝突於是拿掉了」這句話留下來，我們明天繼續討論。您也可以依循自己的想法，思考些好玩的提案。感謝您告訴我您的想法。

昨天 19:31 ✓

編輯

抱歉頻頻打擾您，如果不寫文章，放些像圖片一類的東西有可能嗎？
關於這點也是明天再討論⋯⋯
今天一天辛苦您了。

昨天 20:58 ✓

只要不是我本人去做，怎麼樣都行。
好的，詳情明天再討論⋯⋯

昨天 20:59 ✓

附錄

閒人出租的一日

就這樣過了「什麼都不做」的一天

委託 1

9:30

等碰面

跟委託人約在澀谷站南口摩艾雕像前面。由於大部分都是初次見面的網友，所以大多約在像車站和地標前面碰頭。

9:45

旁觀練習吊桿槓

@澀谷

不擅運動的委託人在今年成為國小老師，很煩惱該怎麼教小朋友吊單槓。又怕在學校練習被其他老師看到，所以請我陪他先去公園練習。練習順利結束，順便還盪了鞦韆，一掃心中陰霾。

11:00

午餐

由於距離下個委託沒剩多少時間，於是邊回覆推特上的私訊，邊吃飯糰輕鬆解決午餐。

說出來爽快多了！

12:00

聆聽未來規劃

@淺草橋

身處音樂界的委託人，正處在職涯抉擇的岔路口，因為一般來說，職務轉調後，多半跟同業沒有什麼關聯性。但「閒人出租」不會議論別人的將來，純粹只是聆聽。

委託 2

14:00

委託 3

陪同一起賞花、吃便當

@光之丘

委託人是希望我嚐嚐看手作料理的回頭客。一如先前的委託，收下了做為伴手禮的小菜，於家中大快朵頤。

趁移動到下一個集合地點時回私訊。

16:30

委託 4

寺廟參拜作陪

@惠比壽

由於即將舉家遷居到國外，委託人希望前去寺廟祈求全家平安，並做為在日本最後的回憶。旁觀委託人參拜後，我也跟著祈求了。

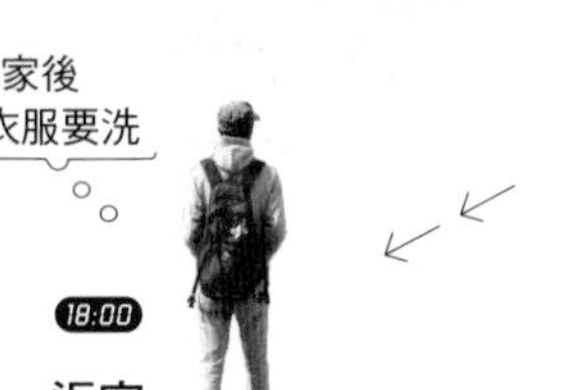

回家後
還有衣服要洗

18:00

返家

HEART
心|視野 心視野系列 094

閒人出租

出租無用的自己，尋找嶄新的生存之道！

レンタルなんもしない人

作　　　　者　閒人出租
譯　　　　者　姜柏如
封 面 設 計　FE設計 葉馥儀
內 文 排 版　顏麟驊
責 任 編 輯　洪尚鈴
行 銷 企 劃　蔡雨庭
出版一部總編輯　紀欣怡

出　版　者　采實文化事業股份有限公司
業 務 發 行　張世明・林踏欣・林坤蓉・王貞玉
國 際 版 權　王俐雯・林冠妤
印 務 採 購　曾玉霞
會 計 行 政　王雅蕙・李韶婉・簡佩鈺
法 律 顧 問　第一國際法律事務所　余淑杏律師
電 子 信 箱　acme@acmebook.com.tw
采 實 官 網　www.acmebook.com.tw
采 實 臉 書　www.facebook.com/acmebook01

I S B N　978-986-507-719-8
定　　　價　350元
初 版 一 刷　2022年3月
劃 撥 帳 號　50148859
劃 撥 戶 名　采實文化事業股份有限公司
104臺北市中山區南京東路二段95號9樓
電話：（02）2511-9798　傳真：（02）2571-3298

國家圖書館出版品預行編目資料

閒人出租：出租無用的自己，尋找嶄新的生存之道！／閒人出租著；姜柏如譯 . -- 初版 . -- 臺北市：采實文化事業股份有限公司，2022.03
256 面；14.8×21公分 . --（心視野系列；94）
譯自：レンタルなんもしない人
ISBN 978-986-507-719-8（平裝）

1. CST: 人力資源

494.3　　111000357

采實出版集團
ACME PUBLISHING GROUP

HEART
心視野

HEART
心 | 視野